高等学校土木工程专业规划教材

土木工程制图习题集

Civil Engineering Drawing Exercises

（第二版）

丁建梅　昂雪野　主编

高满屯　主审

人民交通出版社
China Communications Press

内 容 提 要

本书与《土木工程制图》(第二版)(丁建梅,昂雪野主编)教材配套使用,所编章节顺序和内容与教材一致。本书可作为高等工科院校土木工程类和工程管理类各专业本科教材,也可供其他相关类型学校,如成人教育学院、职工大学、函授大学、电视大学等相关专业本、专科学生选用,还可供工程技术人员自学土木工程制图时使用。

高等学校土木工程专业规划教材

书　　名:土木工程制图习题集(第二版)
著　作　者:丁建梅　昂雪野
责任编辑:孙　玺　黎小东
出版发行:人民交通出版社股份有限公司
地　　址:(100011)北京市朝阳区安定门外外馆斜街3号
网　　址:http://www.ccpress.com.cn
销售电话:(010)59757973
总　经　销:人民交通出版社股份有限公司发行部
经　　销:各地新华书店
印　　刷:北京市密东印刷有限公司
开　　本:787×1092　1/16
印　　张:9.75
字　　数:250千
版　　次:2007年8月　第1版
　　　　　2013年12月　第2版
印　　次:2020年12月　第4次印刷　总第9次印刷
书　　号:ISBN 978-7-114-10707-8
定　　价:19.00元
(有印刷、装订质量问题的图书由本社负责调换)

图书在版编目(CIP)数据

土木工程制图习题集/丁建梅,昂雪野主编.—2版.—北京:人民交通出版社,2013.12
ISBN 978-7-114-10707-8

Ⅰ.①土… Ⅱ.①丁… ②昂… Ⅲ.①土木工程–建筑制图—高等学校—习题集　Ⅳ.①TU204-44

中国版本图书馆CIP数据核字(2013)第121686号

第二版前言

《土木工程制图习题集》(第二版)是按照国家教育部批准的普通高等学校工程图学课程教学基本要求编写,其内容主要以国家颁布的制图标准《房屋建筑制图统一标准》(GB/T 50001—2010)、《总图制图标准》(GB/T 50103—2010)、《建筑制图标准》(GB/T 50104—2010)、《建筑结构制图标准》(GB/T 50105—2010)、《给水排水制图标准》(GB/T 50106—2010)和《道路工程制图标准》(GB 50162—92)为依据。

本习题集是配合《土木工程制图》(第二版)(丁建梅、昂雪野主编,人民交通出版社出版)教材使用的。习题集中各章内容遵循由浅入深、由易到难的原则进行安排,以基本题为主,适当辅以"拔高题"。习题中的题型·有作图题、选择题、填空题、补第三面视图题、读图题、抄绘题等,这些类型的习题能从不同角度使读图与制图能力得到全面训练,从而增强空间想象能力和图形表达能力。在教学过程中,学生应做哪些习题和作业,可由教师根据教学内容及具体学时取舍,并按照本课程教学基本要求和教学大纲加以选择。本习题集除可作为高等工科院校土木工程类和工程管理类各专业本科和专科学生的正式教材或参考书外,还可供广大工程技术人员自学土木工程制图时使用。

本习题集由东北林业大学丁建梅、大连民族学院昂雪野主编,全书由丁建梅统稿。具体编写分工为:丁建梅(前言、第六章、第七章、第八章、第十一章、第十二章),昂雪野(第三章、第九章),哈尔滨工业大学何蕊(第一章),沈阳建筑大学周佳新(第二章),东北林业大学巩翠芝(第四章),哈尔滨理工大学李平(第五章),大连民族学院王振(第十章)。

本习题集承蒙西北工业大学高满屯教授审阅,主审认真细致地审阅了全书,并提出许多十分宝贵的修改意见和建议,在此表示衷心感谢。

由于编者的水平和经验有限,书中难免存在缺点乃至谬误之处,恳请使用本书的教师和学生及广大读者给予批评指正。

编 者
2013 年 10 月

第一版前言

《土木工程制图习题集》是按照国家教育部批准的高等院校工程图学课程教学基本要求组织编写的，其内容主要以国家颁布的制图标准《房屋建筑制图统一标准》(GB/T 50001—2001)、《总图制图标准》(GB/T 50103—2001)、《建筑制图标准》(GB/T 50104—2001)、《建筑结构制图标准》(GB/T 50105—2001)、《给水排水制图标准》(GB/T 50106—2001)和《道路工程制图标准》(GB 50162—92)为依据。

本习题集是《土木工程制图》(丁建梅，周佳新主编)的配套教材。习题集中各章内容遵循由浅入深、由易到难的原则进行安排，以基本题为主，适当辅以"拔高题"。习题中的题型有作图题、选择题、填空题、补第三面视图题、读图题、抄绘题等。这些类型的习题能从不同角度使读图与制图能力得到全面训练，从而增强空间想象能力和图形表达能力。在教学过程中，学生应做哪些习题和作业，可由教师根据教学内容及具体学时取舍，并按照本课程教学基本要求和教学大纲加以选择。本教材已列入哈尔滨工业大学"十一五"规划教材。

本习题集由哈尔滨工业大学丁建梅、沈阳建筑大学周佳新主编，全书由丁建梅统稿。具体编写分工为：哈尔滨工业大学丁建梅编写前言、第六章、第七章、第八章、第九章、第十章、第十一章，沈阳建筑大学周佳新编写第二章、第三章，沈阳建筑大学王志勇编写第四章，大连民族学院昂雪野、赵春艳编写第一章、第十二章，哈尔滨理工大学李平编写第五章。

本习题集承蒙武汉大学丁宇明教授审阅，主审认真细致地审阅了全书，并提出许多宝贵的修改意见，在此表示衷心感谢。在本习题集的编写过程中，承蒙哈尔滨工业大学建筑设计院相关部门的大力支持并提供资料，在此表示真诚的感谢。在本书的统稿过程中得到了哈尔滨工业大学郭玉茹、李承志、石南复、王永纯等专家教授的热情帮助和指导，在此表示深深的谢意。

由于编者的水平和经验有限，书中难免存在缺点和错误，恳请广大读者给予批评指正。

编　者
2007 年 5 月

目 录

第一章　制图的基本知识与技能 …………………………………………………… 1
第二章　点、线、面的投影 …………………………………………………………… 11
第三章　投影变换 …………………………………………………………………… 31
第四章　立体的投影 ………………………………………………………………… 35
第五章　轴测投影 …………………………………………………………………… 57
第六章　组合体视图 ………………………………………………………………… 71
第七章　建筑形体的表达方法 ……………………………………………………… 97
第八章　计算机绘图基础 …………………………………………………………… 119
第九章　房屋建筑施工图 …………………………………………………………… 122
第十章　结构施工图 ………………………………………………………………… 133
第十一章　建筑设备施工图 ………………………………………………………… 137
第十二章　公路桥隧涵工程图 ……………………………………………………… 145

第一章 制图的基本知识与技能

1-1 长仿宋字体练习。

1-2 字母和数字字体练习。

1234567890RØ

ABCDEFGHIJKLMNOPQRSTUVWXYZ

abcdefghijklmnopqrstuvwxyz

1-3　在右侧用 1:1 的比例抄绘下列图线和图形，并标注尺寸。

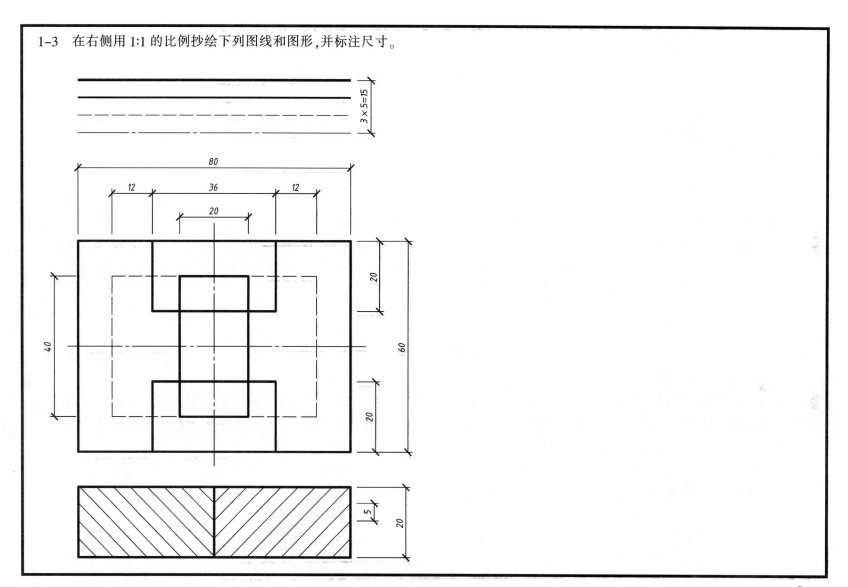

作业一 图线练习(作业指导)

一、目的

(1)学习丁字尺、三角板等绘图工具的使用方法。

(2)熟悉画铅笔图的一般方法和步骤,能够画出符合标准的铅笔图线。

二、要求

根据作业图样在 A3 幅面的图纸上用 1:1 的比例抄绘水平方向、竖直方向、45°方向和 60°方向的各种图线。

(1)布图。根据图样中给出的尺寸进行布图。整个图面可分成 7 组:一组水平线,两组垂直线,两组 45°斜线,两组 60°斜线。

(2)画底线。用 2H 铅笔轻轻地画出底线。虚线(画长 4~6mm)、点画线(画长 15~20mm)的间隔要大体上一致(开始时可用尺量画 1~2 条,然后目测逐条画出)。

(3)描深底线。描深前要准备好 3 支铅笔(H、HB、B),并且按要求把笔芯磨削好,然后对各种图线进行试画,待合格后,再在底线上进行描深。描深线条取 0.7mm 线宽组,即粗实线为 0.7mm(B 铅笔的笔芯呈扁条形状),中实线、中虚线为 0.35mm(HB 铅笔的笔芯也呈扁条形状),细实线、虚线、点画线为 0.18mm(H 铅笔的笔芯呈圆锥形状)。

(4)填写标题栏如下:

①图名　图线练习(10 号字)。

②图号　01(5 号字)。

③比例　1:1(5 号字)。

④其他字用 5 号字。

三、注意事项

(1)图样中给出的尺寸,是布置图面、画底线时用的,本作业不要求抄注尺寸。

(2)正式作业必须在图板上进行,要用丁字尺、三角板严格认真地画图。画底线和描深底线时,都不准离开图板和丁字尺。

(3)本作业的五种图线,必须明显区别粗(0.7mm)、中(0.35mm)、细(0.18mm)3 个层次。

(4)同一种图线必须是同一个规格,即线宽、画长、间隔都应该一致。

(5)作业中的字都要先打格、后写字,字要足格。

(6)完成的作业图面质量应达到以下要求:

①布图匀称。

②图线清晰。

③字体端正。

④图面整洁。

作业一 图线练习(作业图样)

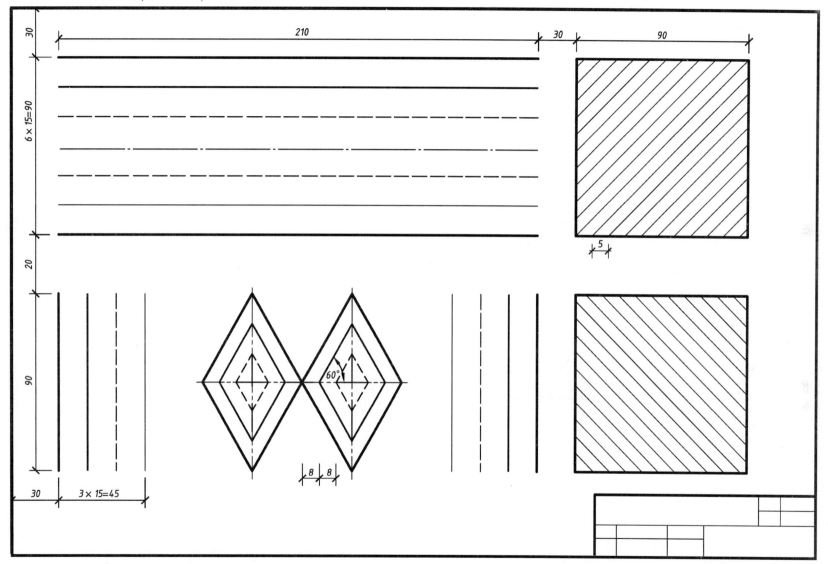

1-4 用1:1的比例抄绘下列图形,并标注尺寸。

(1)

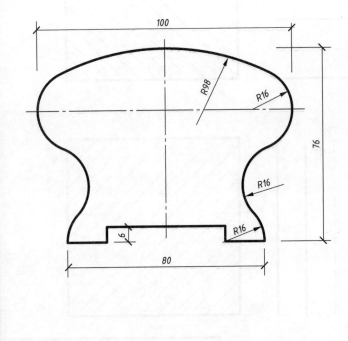

(2)

1-5 标注下列图形的尺寸,尺寸数值在图形上按 1:1 量取。

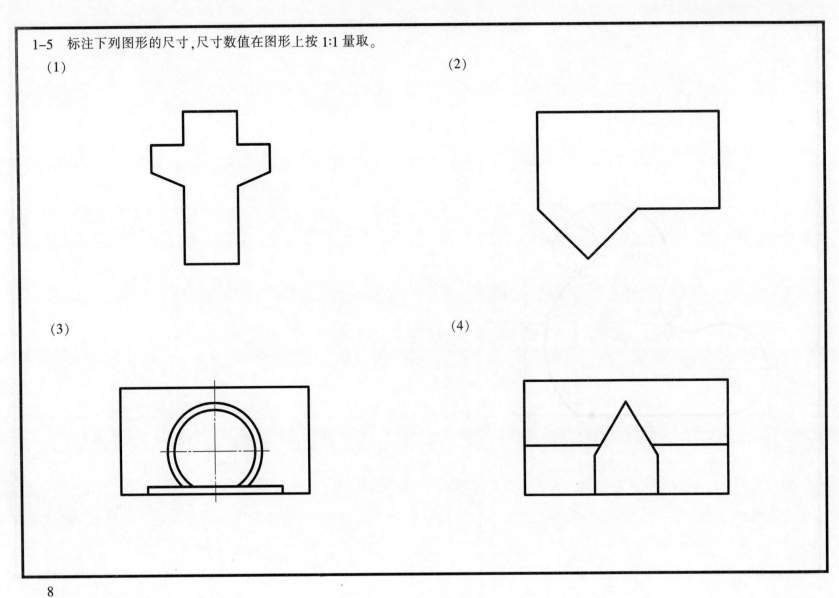

作业二　几何作图(作业指导)

一、目的

(1)学习圆规的正确使用方法。
(2)掌握圆弧连接的作图方法。
(3)熟悉尺寸标注的基本规定。

二、要求

根据作业二的图样,在 A3 幅面的图纸上采用 1:1 的比例抄绘 3 个平面图形。

三、绘图方法和步骤

(1)布图。根据图样中每个图形的大小(包括标注尺寸的位置),在图纸上合理布图。

(2)画底线。底线不分线型,一律用细实线轻轻地画出,底线要画的清楚,画的准确,连接中心和连接点都必须找到。

(3)描深底线。本作业取 0.7mm 线宽组:粗实线为 0.7mm,点画线、细实线为 0.18mm,没有中粗线。

(4)标注尺寸。尺寸数字用 3.5 号字。

(5)填写标题栏(字号同作业一):
　①图名　几何作图。
　②图号　02。
　③比例　1:1。

四、注意事项

(1)对所画图形的作图原理和作图方法,应阅读教材第一章第三节和第四节。

(2)使用圆规时,圆规的两腿应垂直纸面。插针要用带凸台的一端。要准备硬、软两种铅芯——硬铅芯(HB)用来画细线,软铅芯(2B)用来画粗线。

(3)画线时,应先进行试画而后再正式画。画线过程中,用力、转速都要均匀。

(4)描深图线时,应先画圆弧,后画直线,所有的连接圆弧都必须在切点的位置上准确、光滑地对接起来。

作业二 几何作图(作业图样)

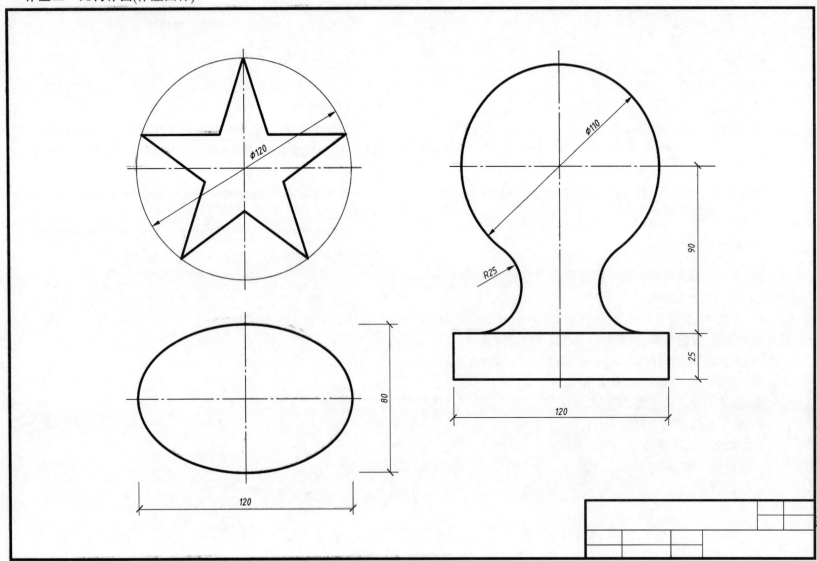

第二章　点、线、面的投影

2-1 根据立体图,按1:1量取作出 A、B、C、D 四点的三面投影图。

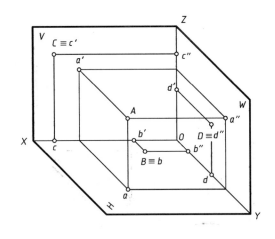

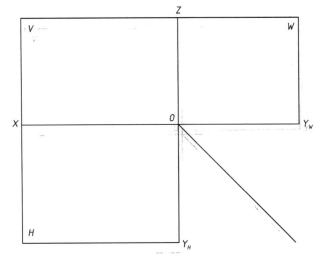

2-2 已知各点的两面投影,求作第三面投影。

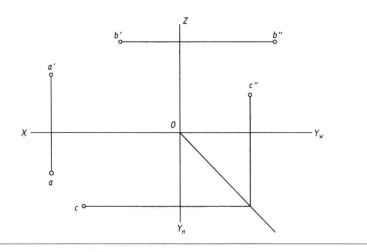

2-3 已知点 D 在 H 面上,点 E 在 V 面上,点 F 在 W 面上,作出各点的另两个投影。

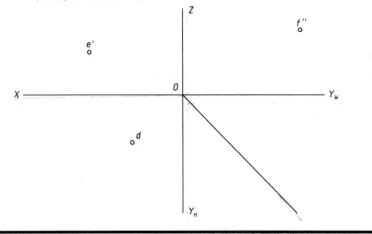

2-4 比较 A、B 两点的相对位置。

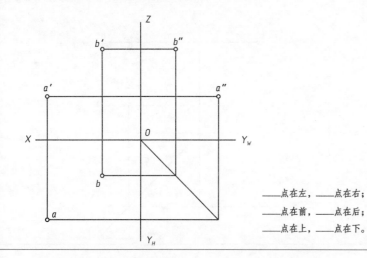

_____点在左，_____点在右；
_____点在前，_____点在后；
_____点在上，_____点在下。

2-5 已知点 A 的三面投影，点 B、C 的两面投影，求 B、C 的第三面投影。

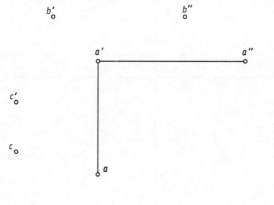

2-6 补出 A、B、C、D 各点的侧面投影，并标明重影点的可见性（看不见的点投影放到括弧内）。

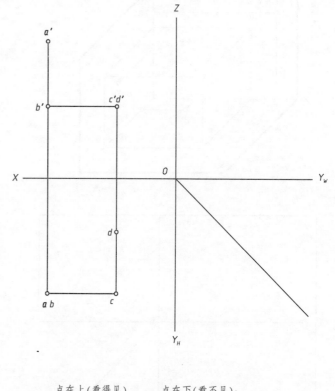

_____点在上（看得见），_____点在下（看不见）；
_____点在前（看得见），_____点在后（看不见）；
_____点在左（看得见），_____点在右（看不见）。

2-7 补出各线段的第三面投影,并标明是何种线段。

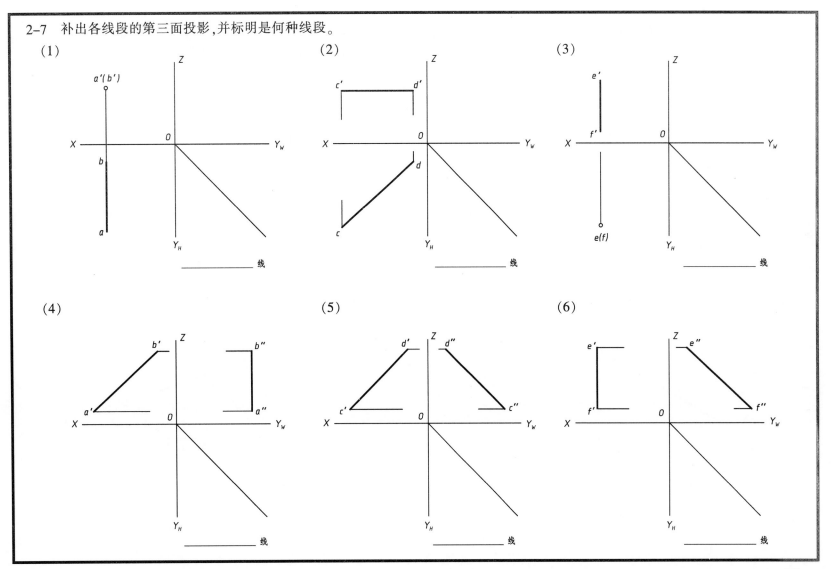

2-8 已知直线 AB 端点 B 的投影，AB 长 15mm，且垂直于 H 面，求 AB 的三面投影。

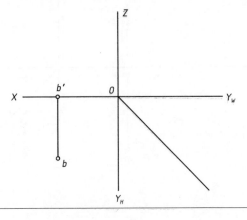

2-9 已知直线 CD 为侧平线，点 C、D 距离 V 面分别为 5mm 和 25mm，求作直线的另两面投影。

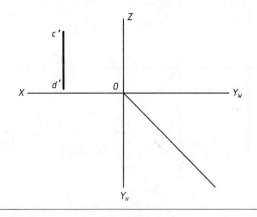

2-10 求线段 AB 的实长及对 H、V 面的夹角 α、β。

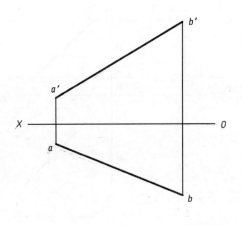

2-11 在线段 AB 上截取 AC=20mm。

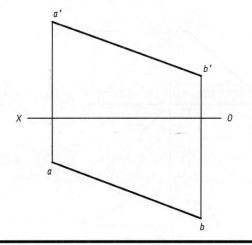

2-12 已知线段 AB 对 H 面的夹角 α=30°，求它的水平投影。

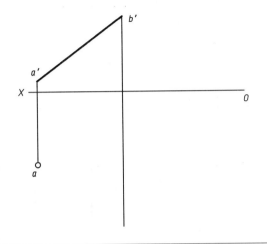

2-13 在直线 AB 上求一点 C，使点 C 与 V、H 面等距。

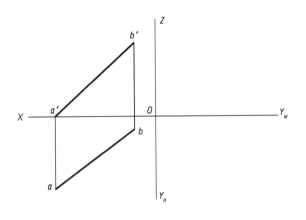

2-14 判别两直线的相对位置。

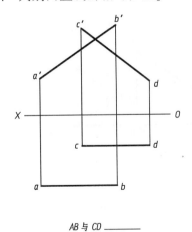

AB 与 CD _____

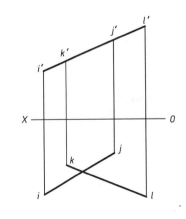

EF 与 GH _____

IJ 与 KL _____

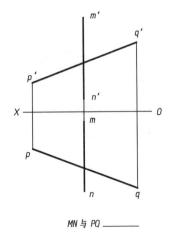

MN 与 PQ _____

2-15 过点 A 分别作水平线和正平线与 MN 直线相交。

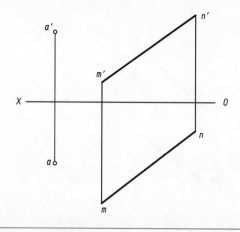

2-16 过点 A 作正平线与直线 CD 相交。

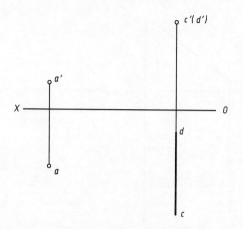

2-17 已知直线 AB、CD 相交，CD 为正平线，求作 cd。

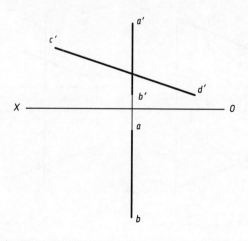

2-18 过点 E 作一直线与两交错直线 AB、CD 相交。

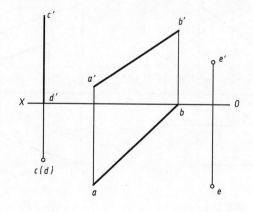

16

2-19 作直线 MN，使它与直线 AB 平行，与直线 CD、EF 都相交。

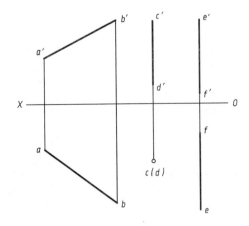

2-20 作水平线 MN，使它与直线 AB、CD、EF 都相交。

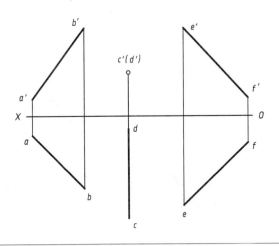

2-21 已知 CD∥AB，CD=30mm，求 CD 的两面投影。

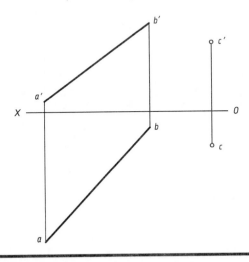

2-22 过点 A 分别作水平线和正平线与直线 MN 垂直交错。

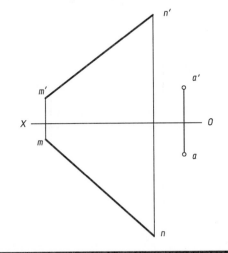

17

2-23 判别下列各直线是否垂直。

(1)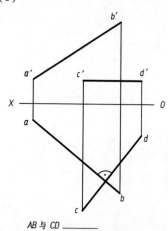
AB 与 CD _____

(2)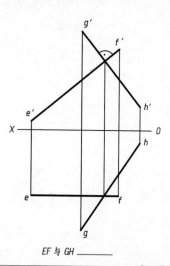
EF 与 GH _____

(3)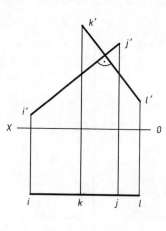
IJ 与 KL _____

(4)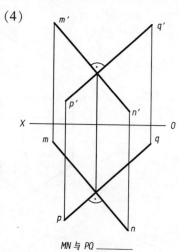
MN 与 PQ _____

2-24 过点 A 作直线与直线 BC 垂直相交,并求点到直线的距离。

(1)

(2)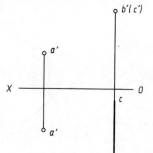

(3)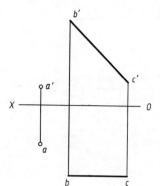

(4)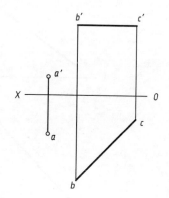

2-25 求两平行线 AB、CD 之间的距离。

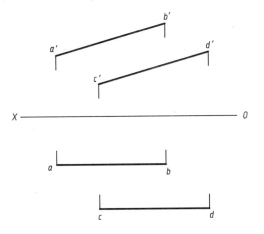

2-26 以 AB 为底边作等腰三角形 ABC，使顶点 C 在 DE 上。

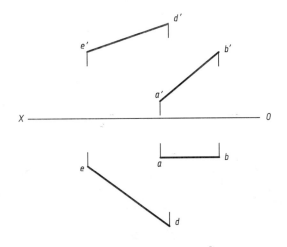

2-27 已知矩形 ABCD 的顶点 C 在直线 EF 上，完成该矩形的两面投影。

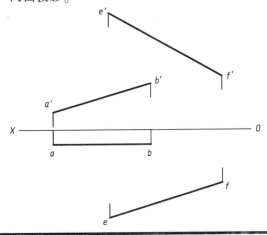

2-28 已知正方形 ABCD 的一条对角线位于侧平线 EF 上，试完成该正方形的两面投影。

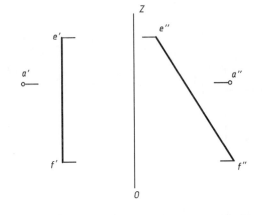

2-29 补出各平面的第三面投影,并注明是何种平面。

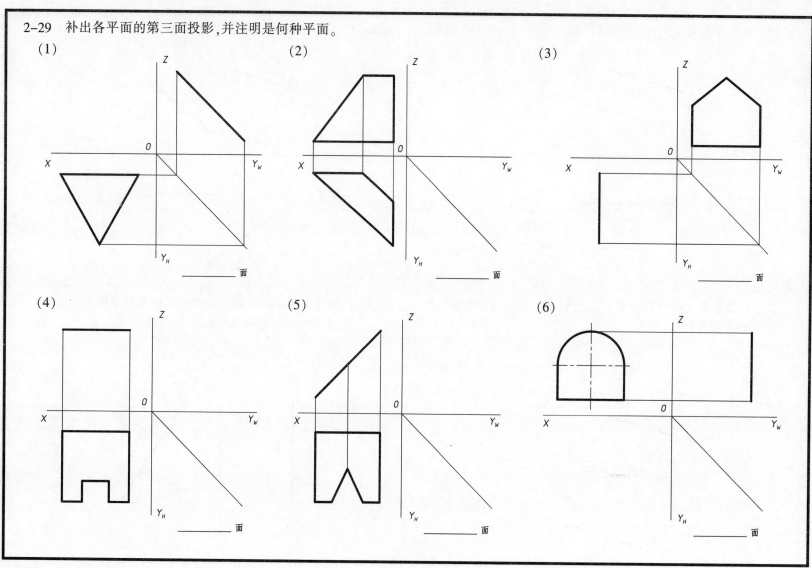

2-30 已知平面 ABCD 为正垂面，α=30°，作出 ABCD 的另两面投影。

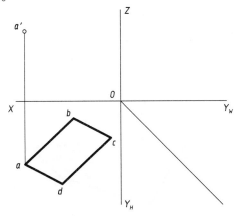

2-31 判别 M、N 两点是否在 ABC 平面上。

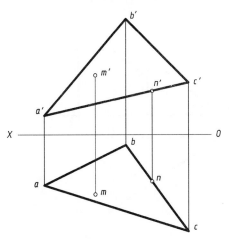

2-32 已知 M、N 两点在 ABC 平面上，补求它们的第二个投影。

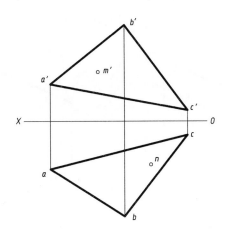

2-33 完成平面 ABCDE 的水平投影。

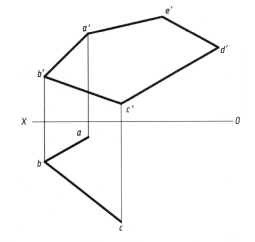

2-34 完成平面的水平投影和侧面投影。

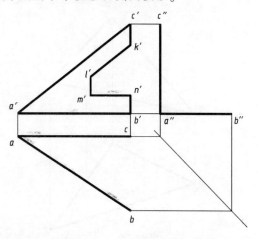

2-35 已知平面 ABCD 的 CD 边平行于 H 面,作出 ABCD 的正面投影。

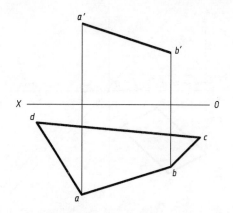

2-36 过直线作特殊位置平面(均用迹线表示)。

(1)作正平面　　　　(2)作水平面　　　　(3)作正垂面　　　　(4)作铅垂面

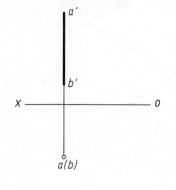 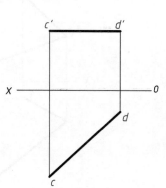 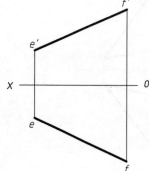 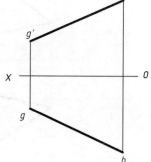

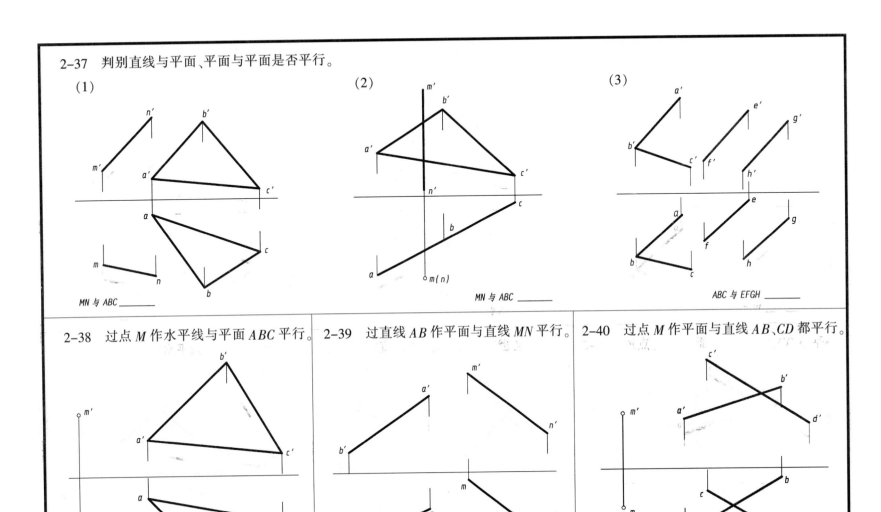

2-41 过点 M 作直线与平面 P、Q 都平行。

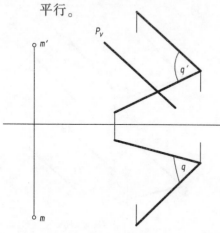

2-42 过点 M 作平面与平面 ABC 平行。

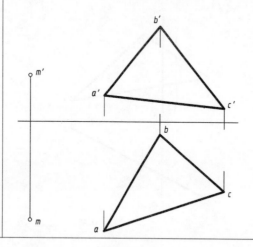

2-43 已知平面 ABC 与平面 DEFG 平行，求平面 ABC 的正面投影。

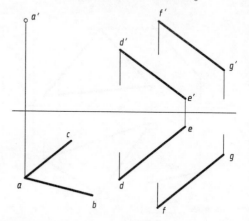

2-44 求直线与平面的交点，并判别直线的可见性。

(1)

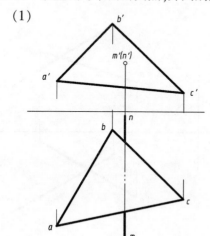

(2)

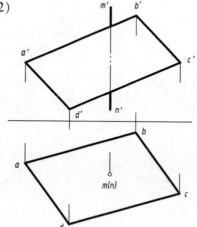

(3)

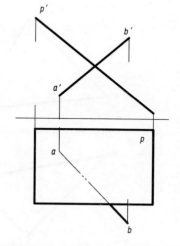

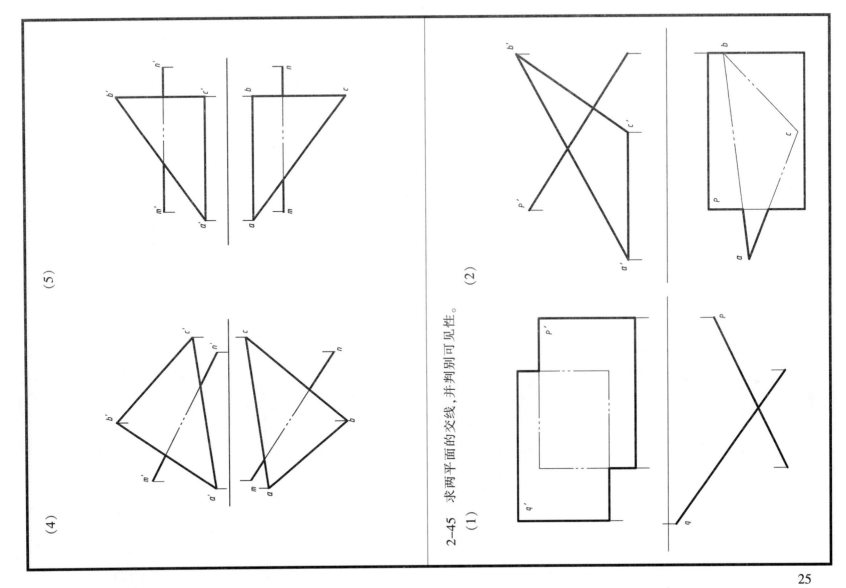

2-45 求两平面的交线，并判别可见性。

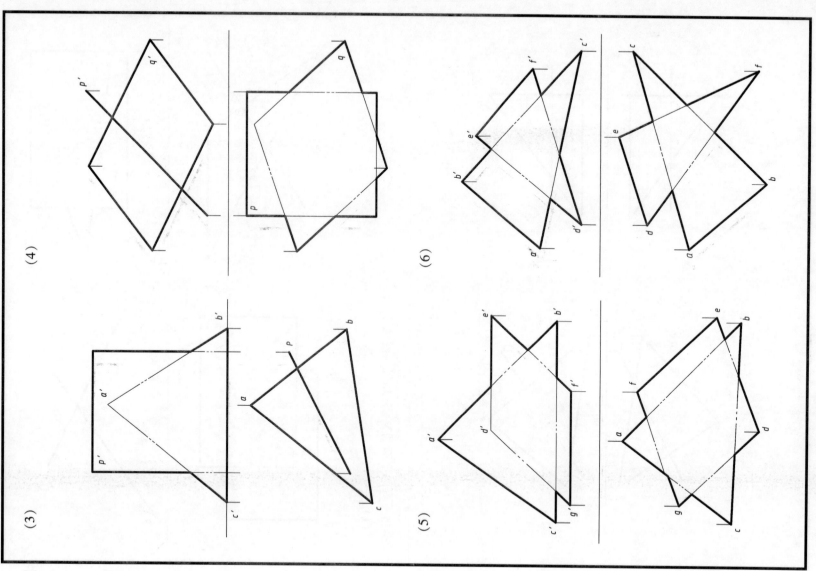

2-46 判别下列直线与平面是否垂直。

2-47 过点 M 作直线 MN，与平面垂直。

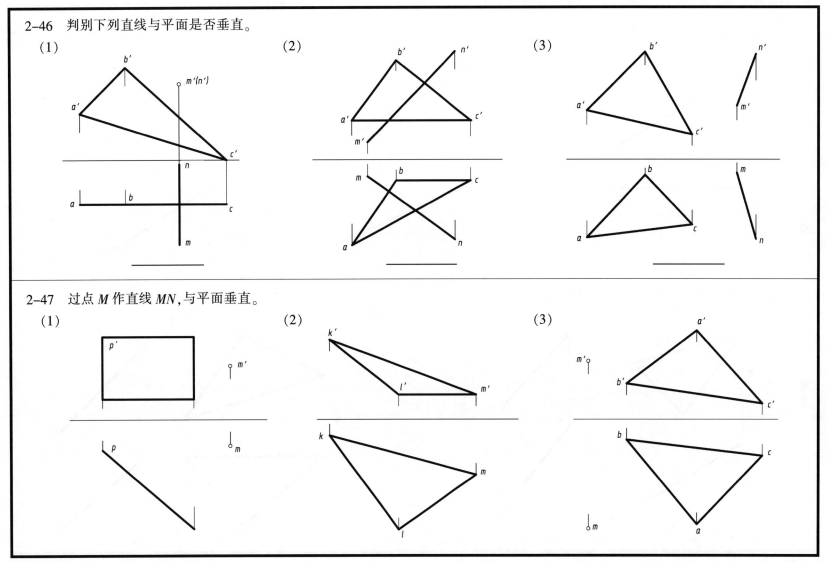

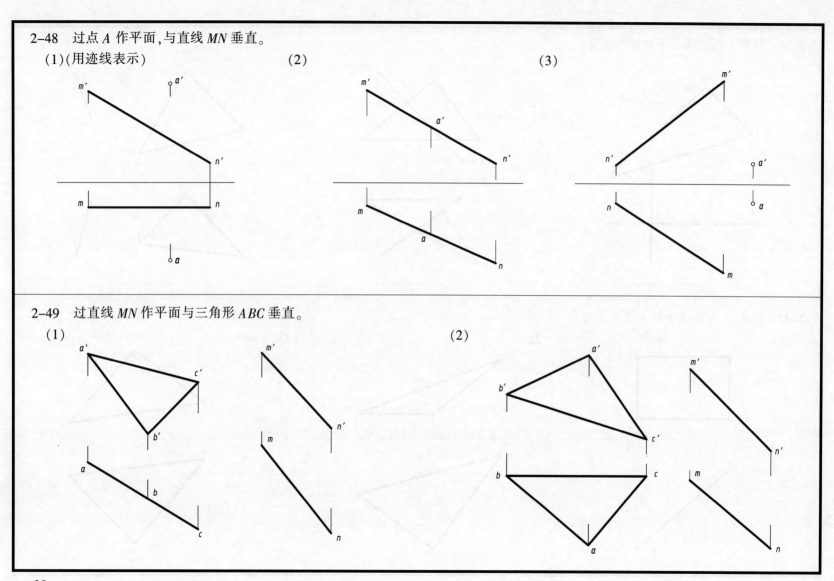

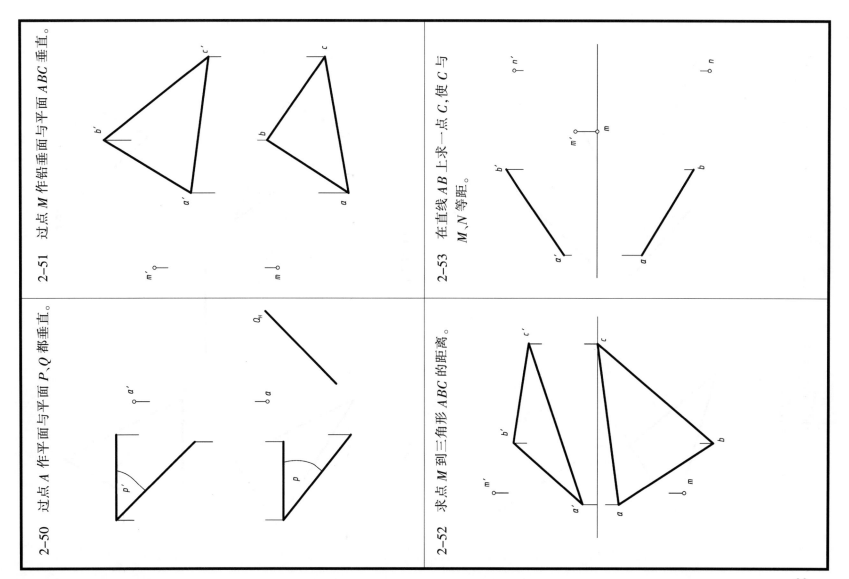

2-54 已知等腰三角形 ABC，AB 为底边，补全它的水平投影。

2-55 已知长方形 $ABCD$，点 C 在直线 MN 上，完成它的两面投影。

2-56 以 D 为顶点作一等腰三角形 DEF，且使 $DE//ABC$，$DF \perp KMN$。

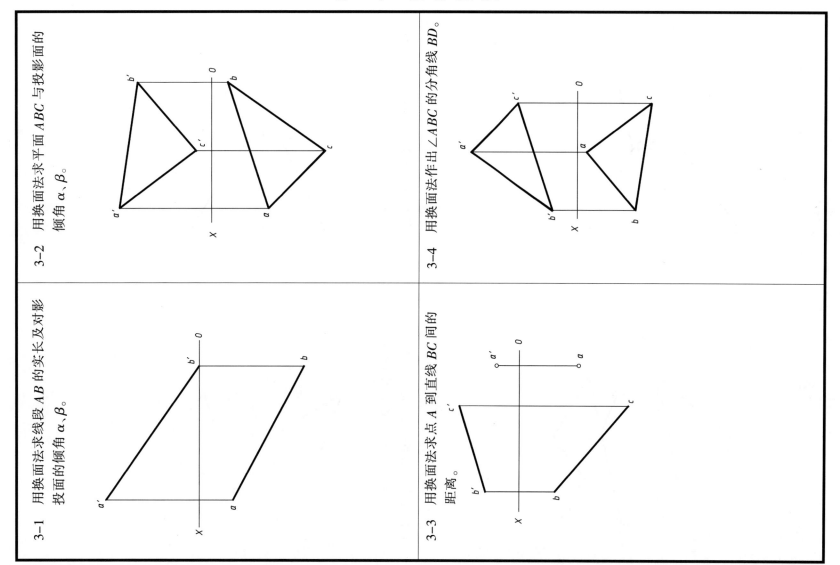

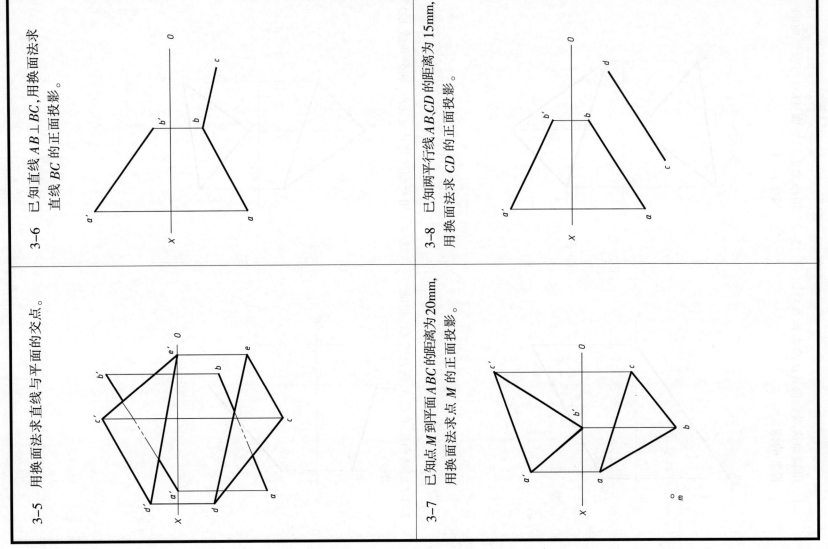

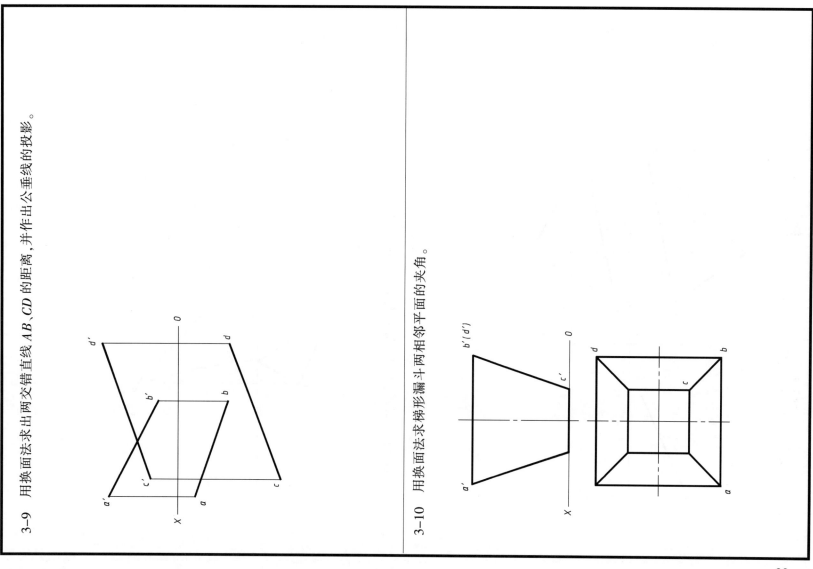

3-9 用换面法求出两交错直线 AB、CD 的距离，并作出公垂线的投影。

3-10 用换面法求梯形漏斗两相邻平面的夹角。

3-11 过点 D 作三角形 DEF，使 DE//P 平面，DF⊥ABC 平面，且∠D=90°。

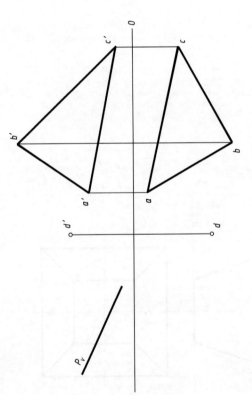

3-12 以 AB 为边作一正方形 ABEF，使它与 ABC 平面成 90°。

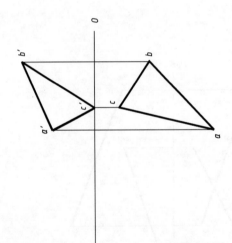

第四章 立体的投影

4-1 补出平面立体的侧面投影,并补全表面各点的三面投影。

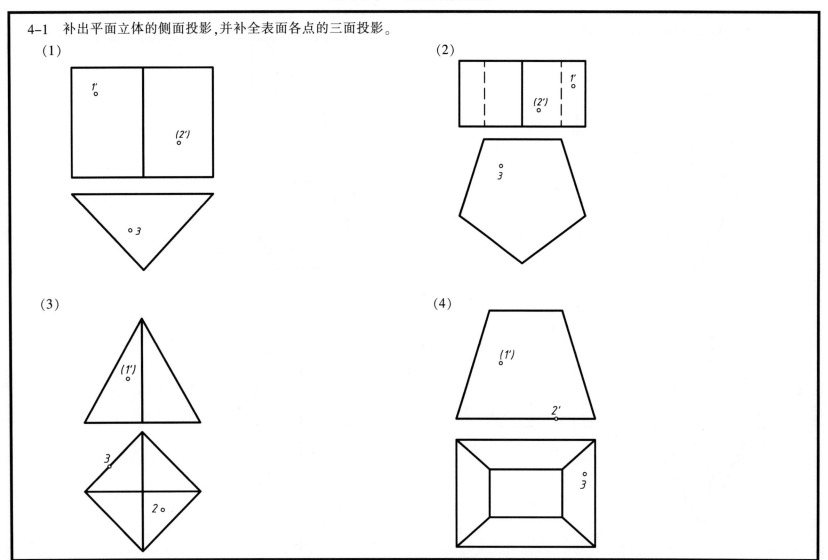

4-2 完成被切割的平面立体的三面投影。

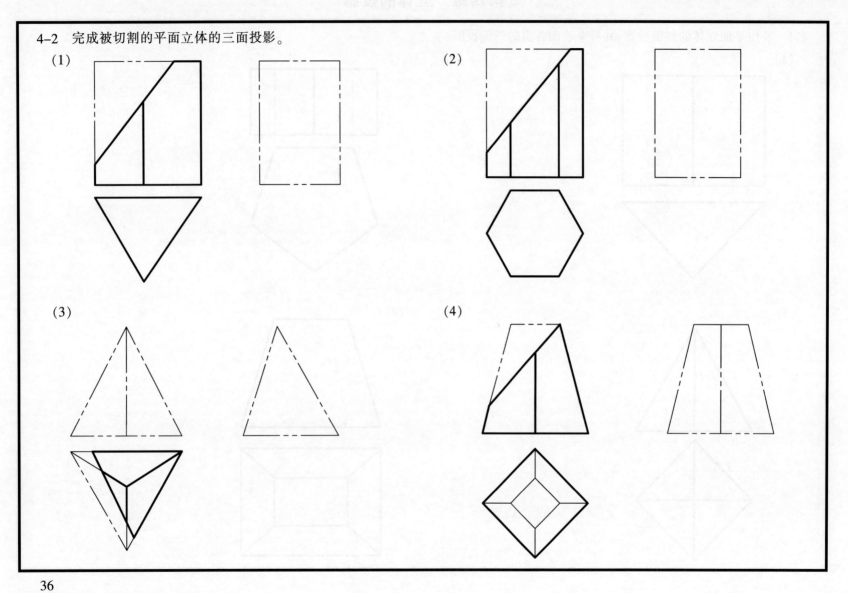

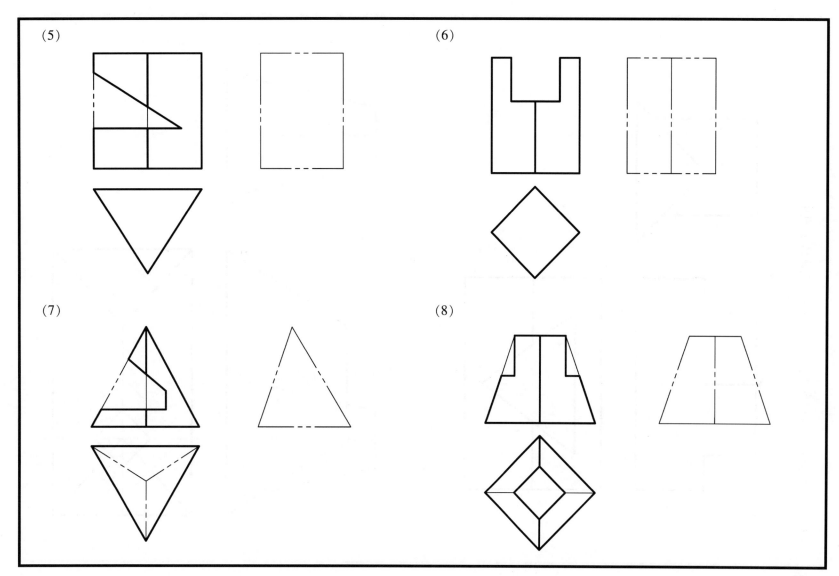

4-3 求两平面立体的相贯线,并完成两立体轮廓线的投影。

(1)

(2)

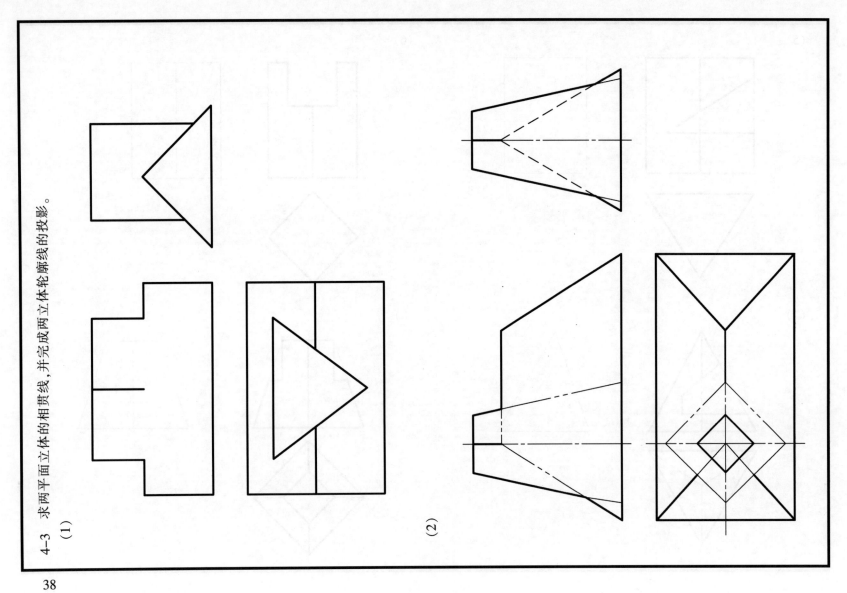

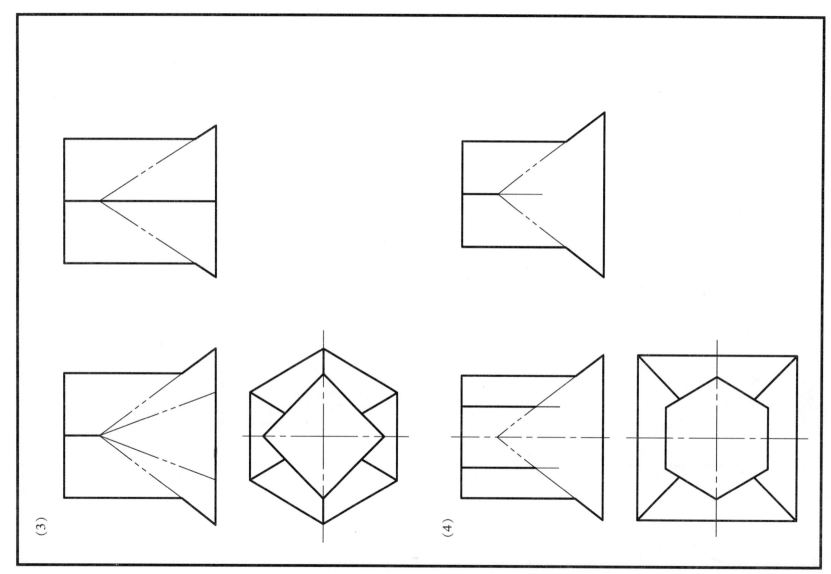

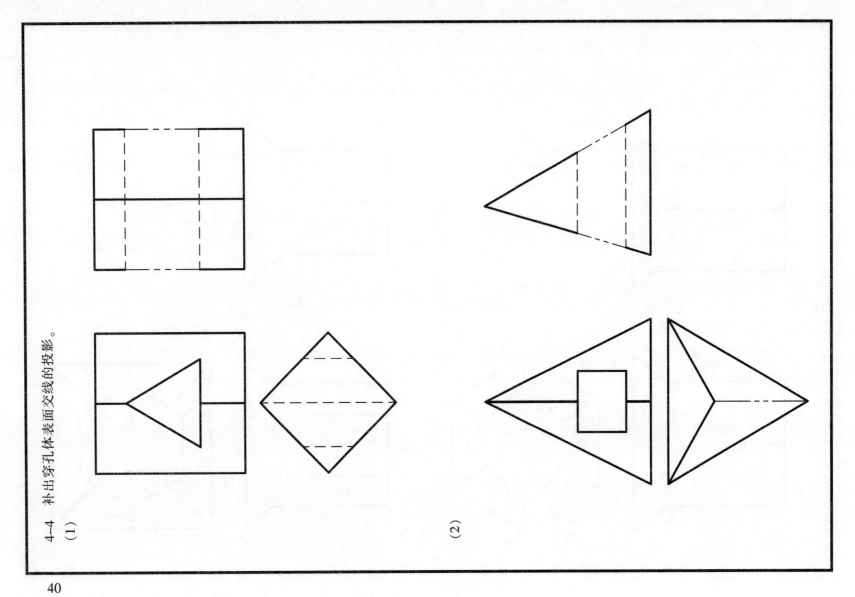

4-4 补出穿孔体表面交线的投影。
(1) (2)

4-5 补画曲面立体的第三个投影,并补全表面各点的三面投影。

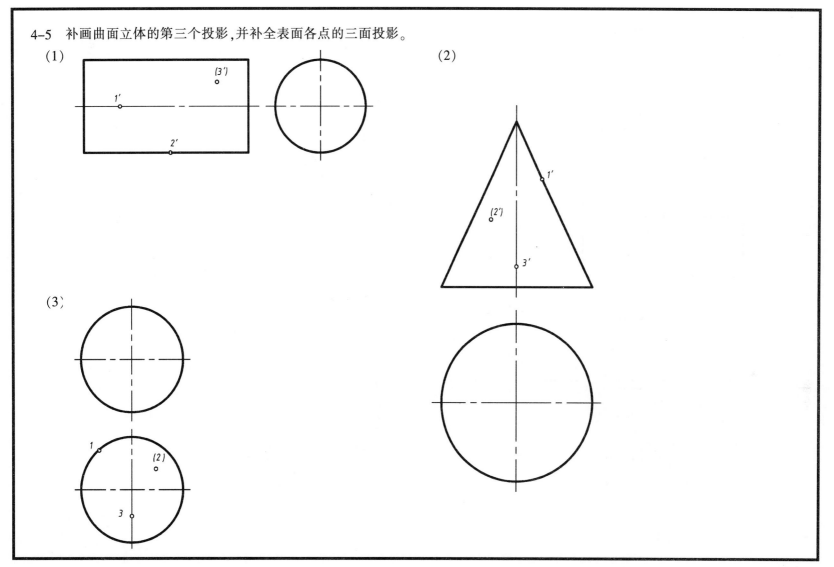

4-6 完成曲面上所给曲线的三面投影。

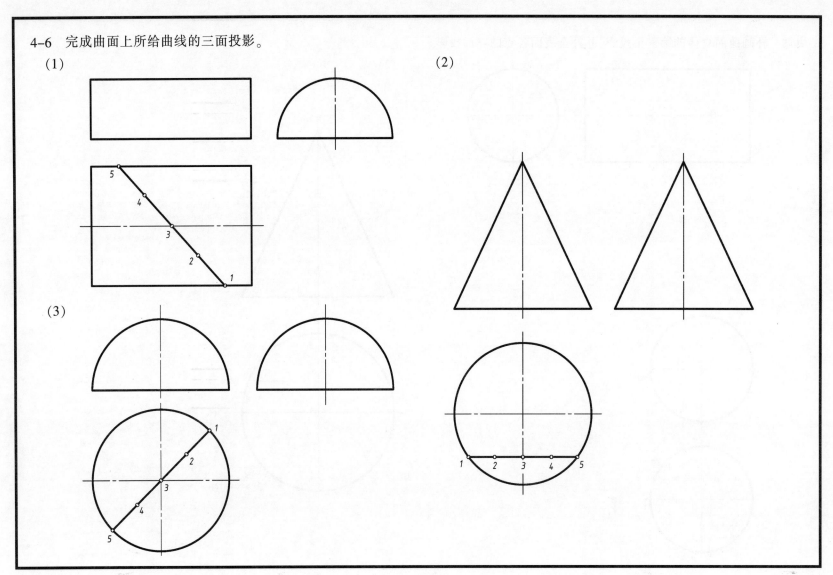

4-7 补出形体的水平投影。

(1)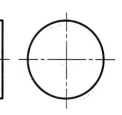

(2)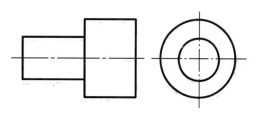

(3)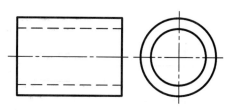

(4)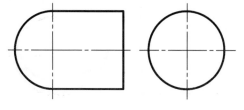

(5)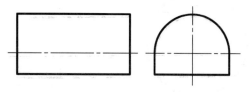

(6)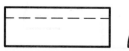

4-8 补出圆柱、圆管切割体的水平投影。

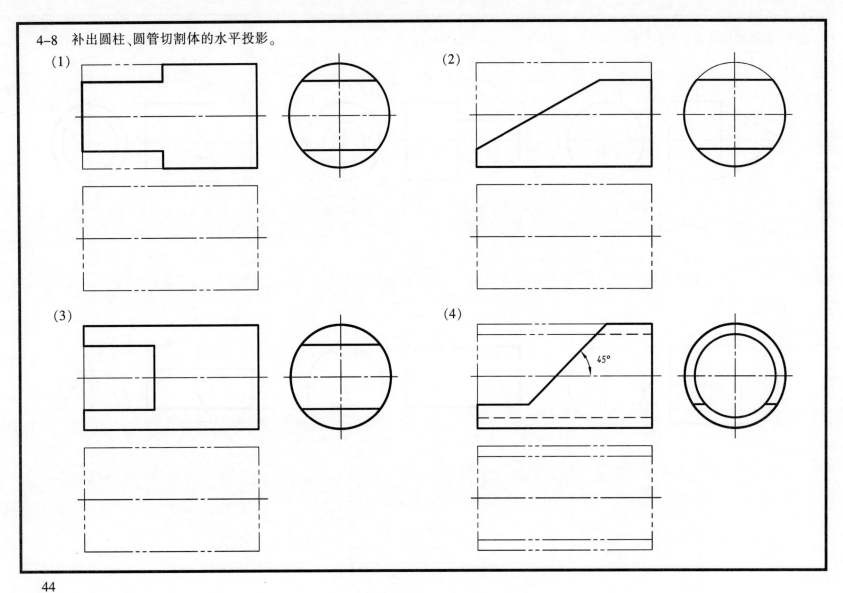

4-9 完成圆锥切割体的三面投影。

(1)

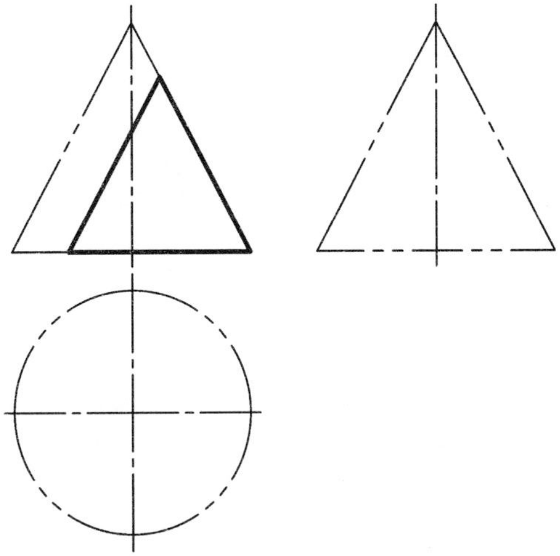

(2)

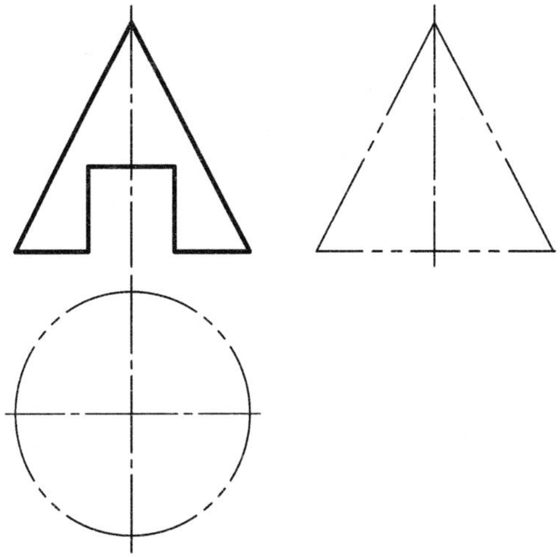

(3)

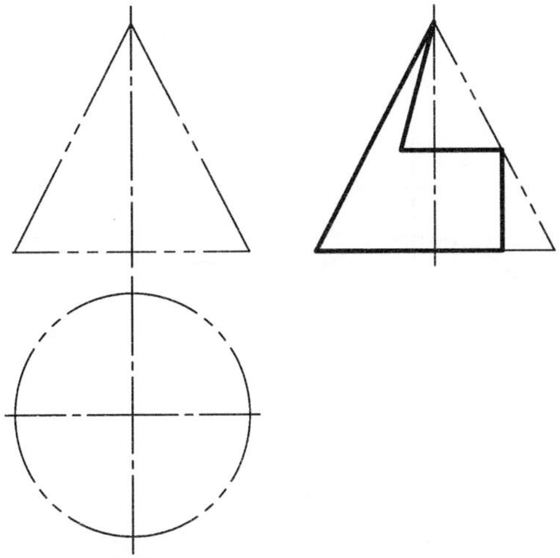

(4)

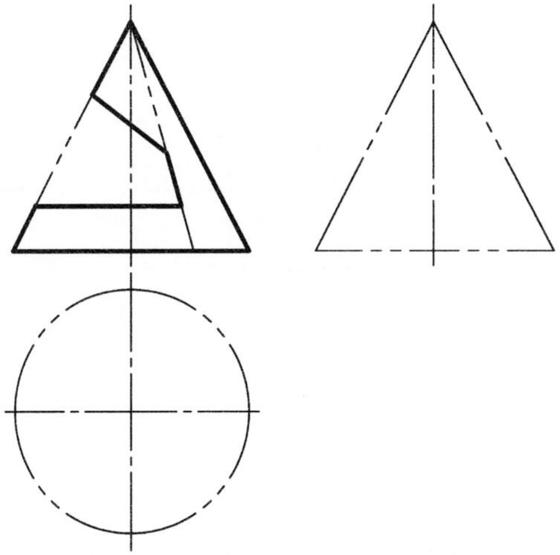

4-10 完成半球切割体的三面投影。

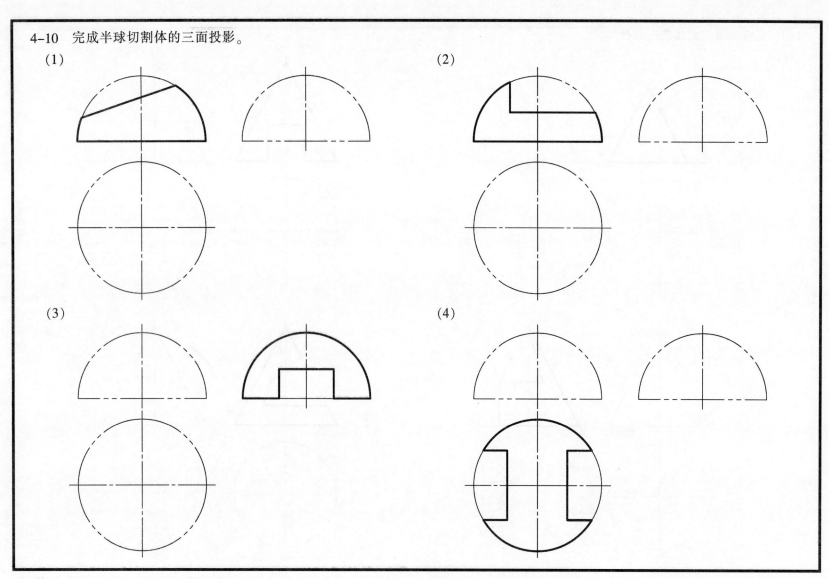

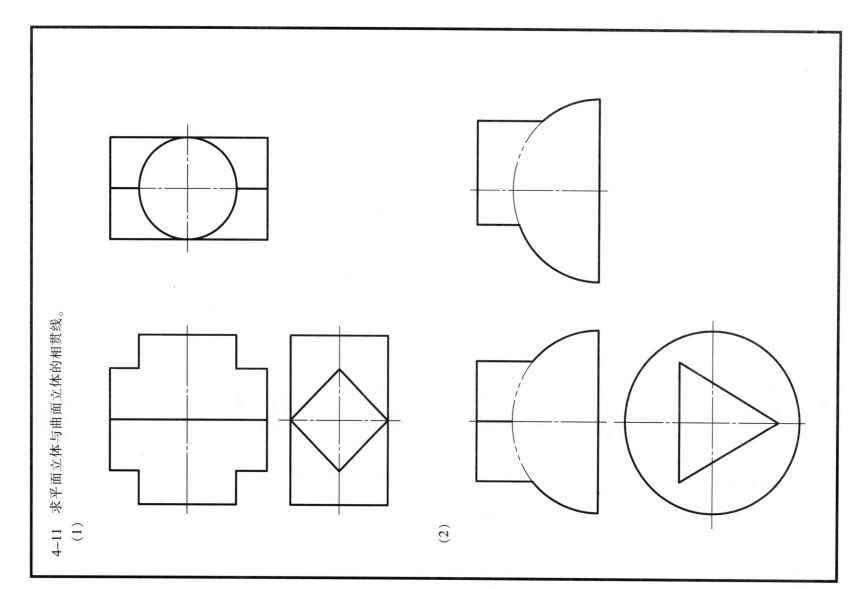

4-11 求平面立体与曲面立体的相贯线。
(1) (2)

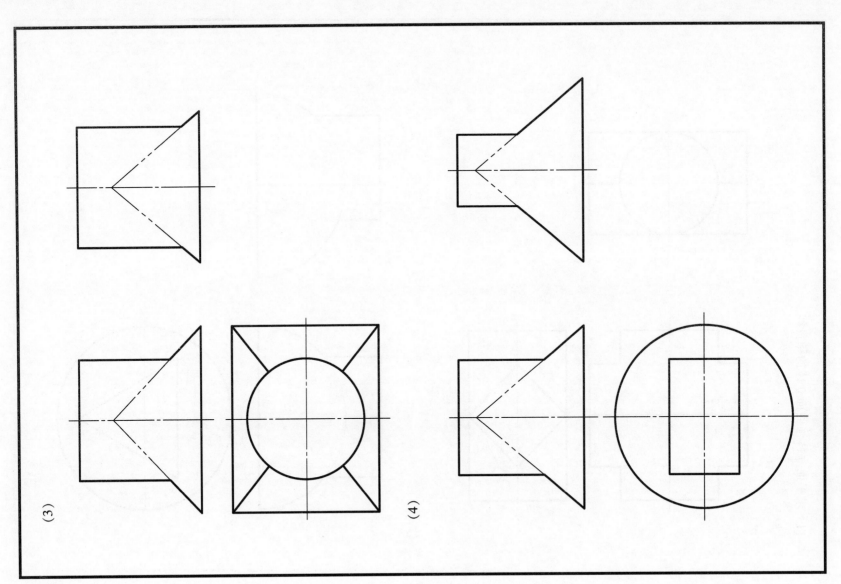

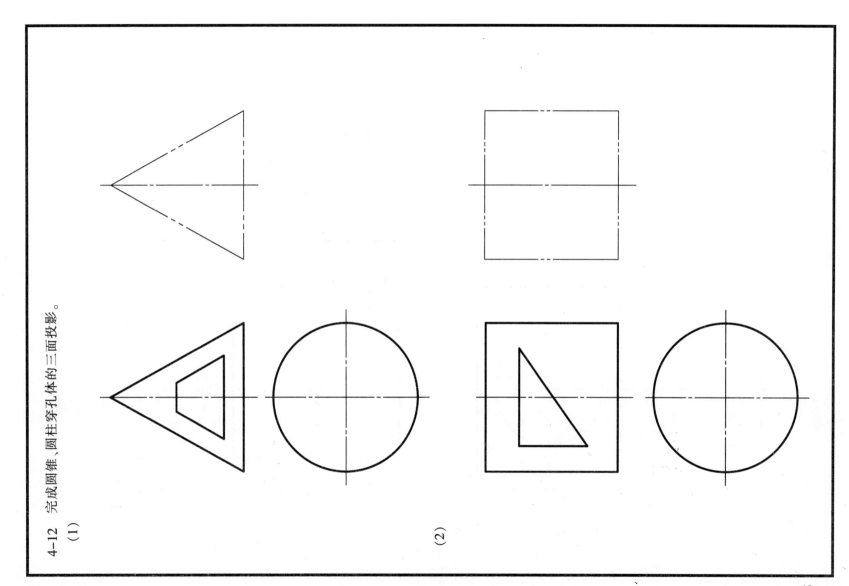

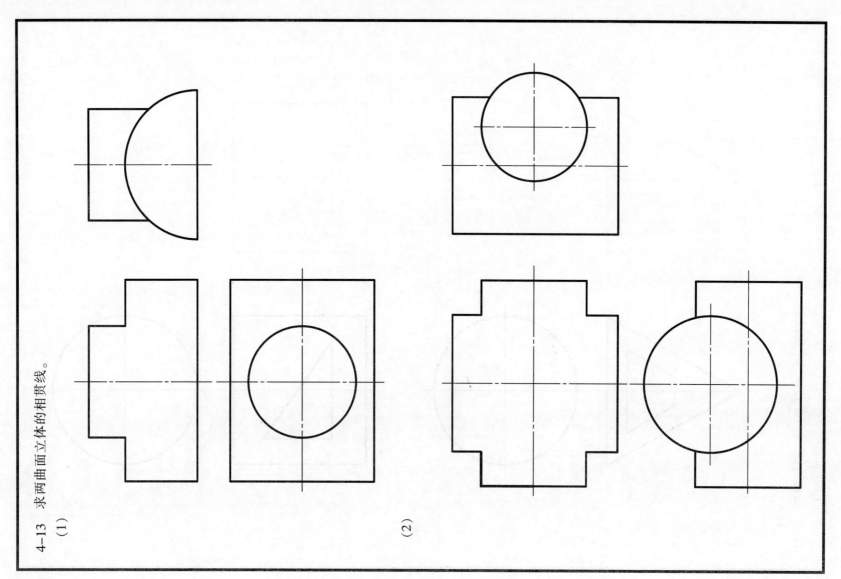

4-13 求两曲面立体的相贯线。
(1) (2)

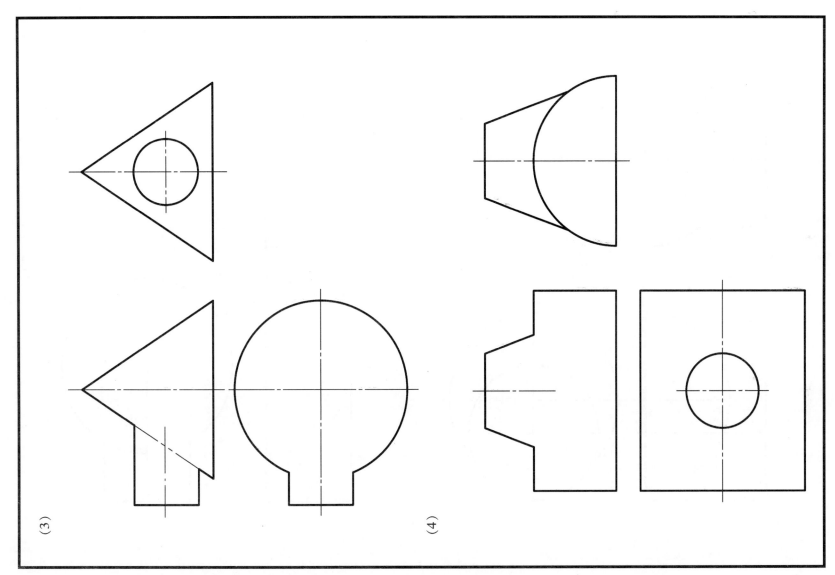

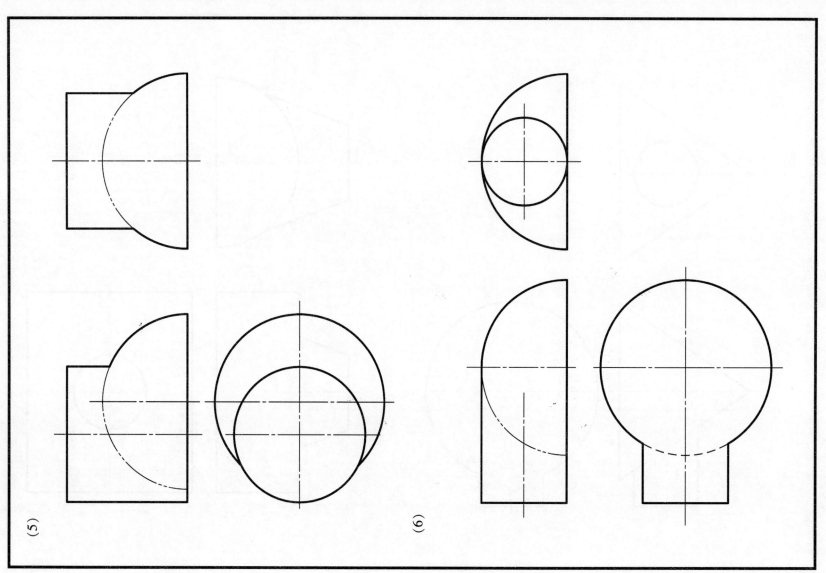

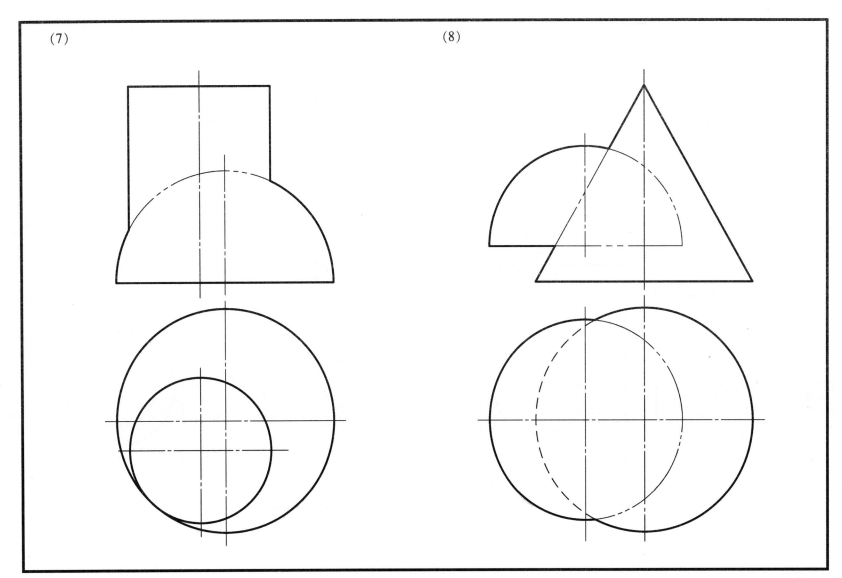

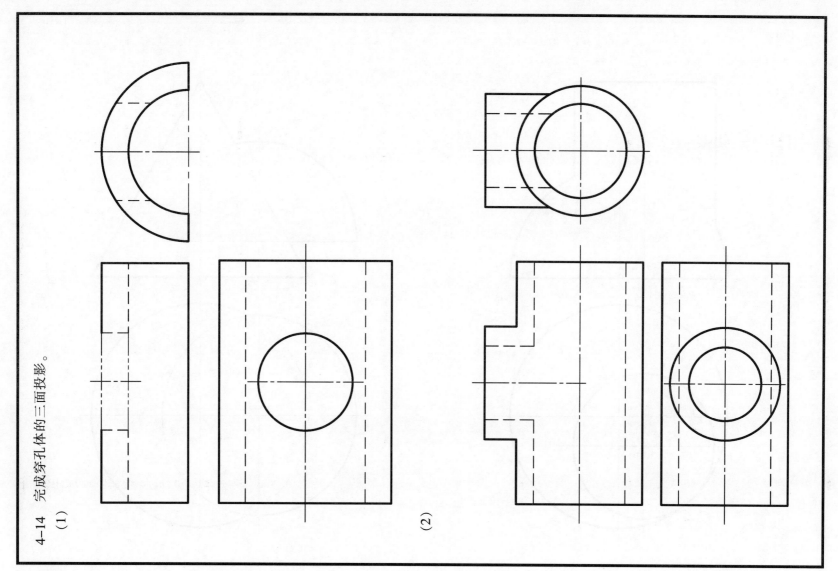

4-14 完成穿孔体的三面投影。

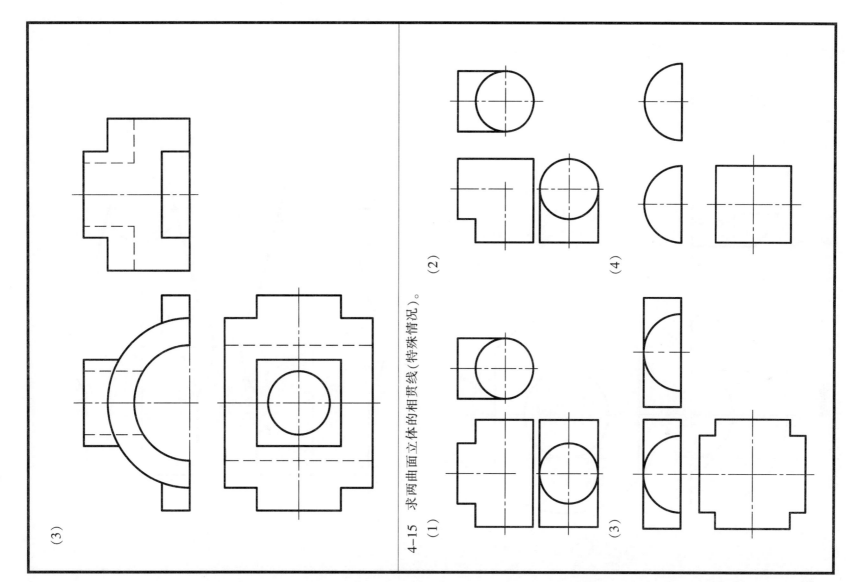

4-15 求两曲面立体的相贯线（特殊情况）。

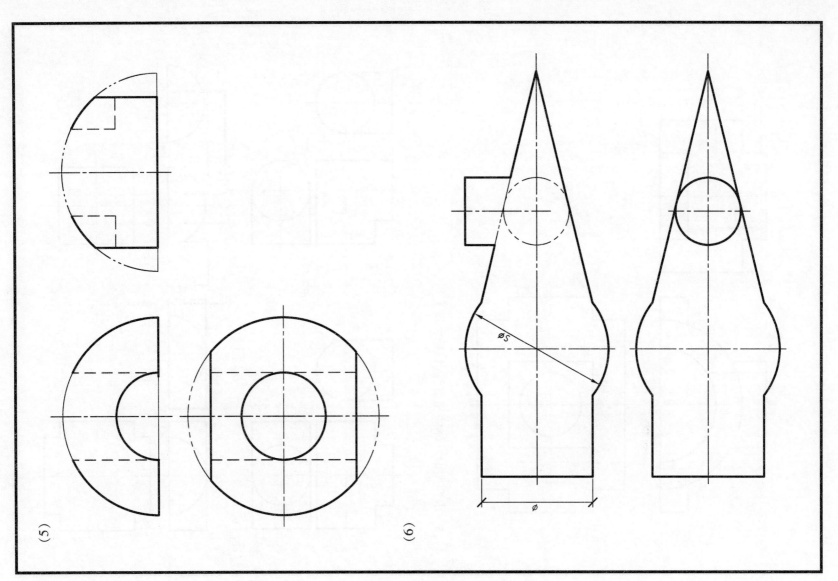

第五章 轴测投影

5-1 作出下列形体的正面斜二测投影图。

(1) (2) (3)

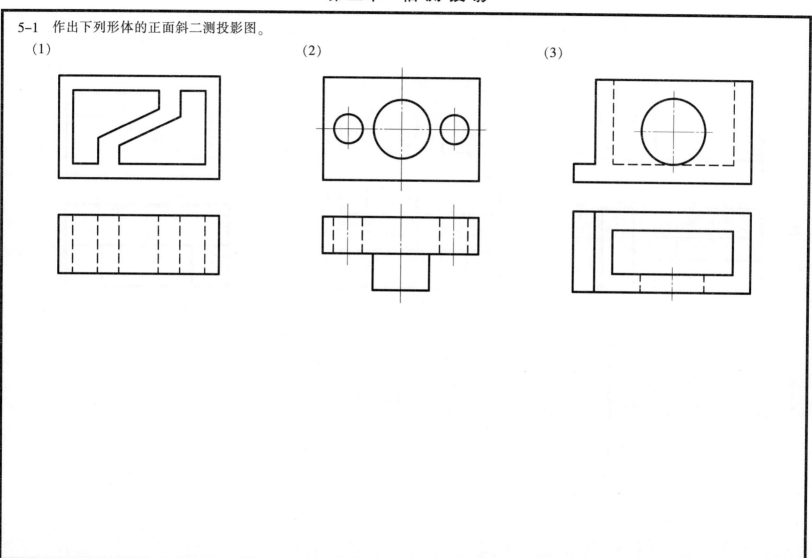

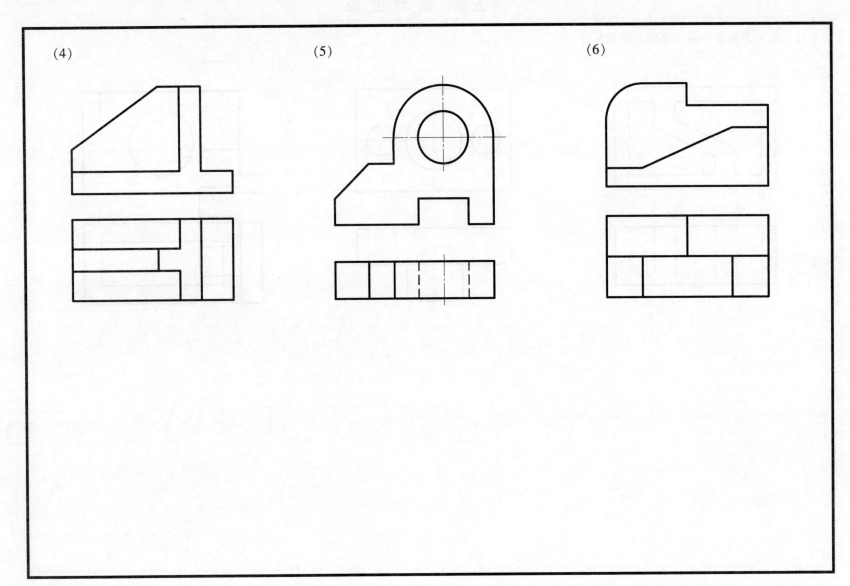

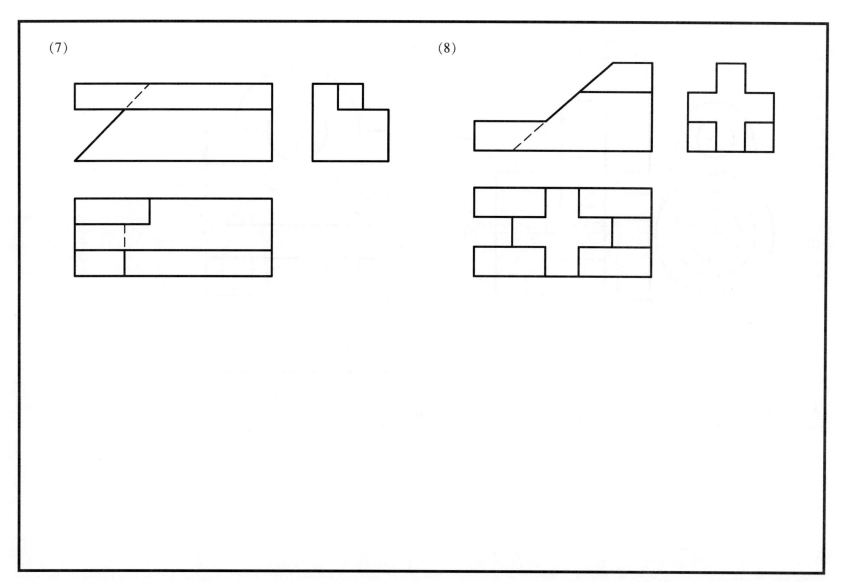

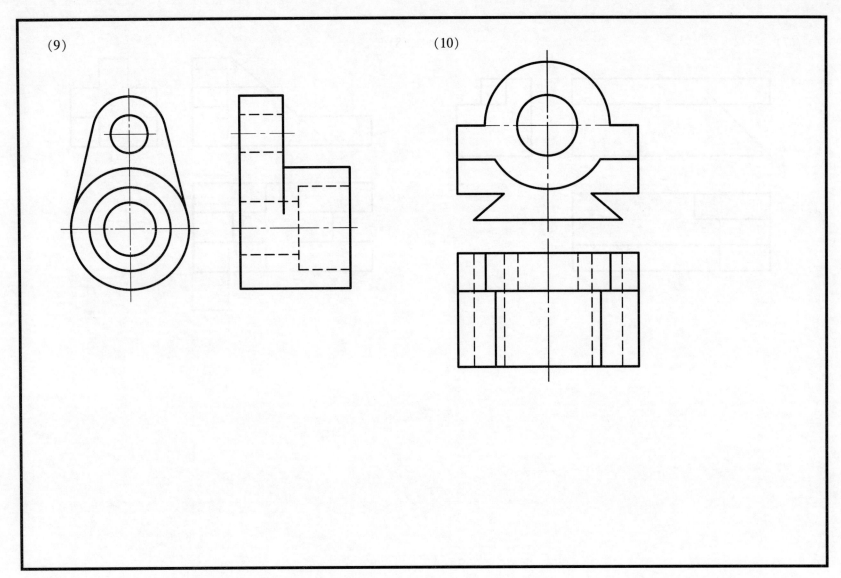

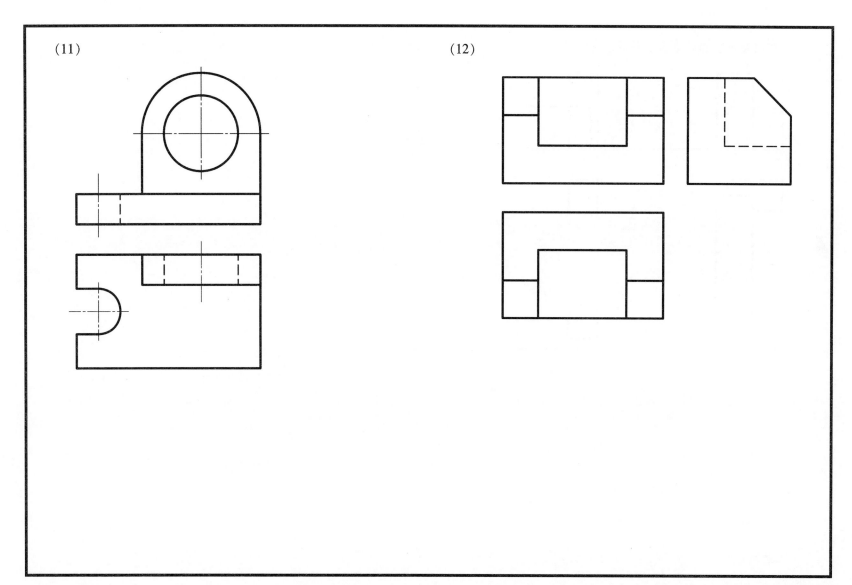

5-2 作出建筑物和道路的水平斜二测图。

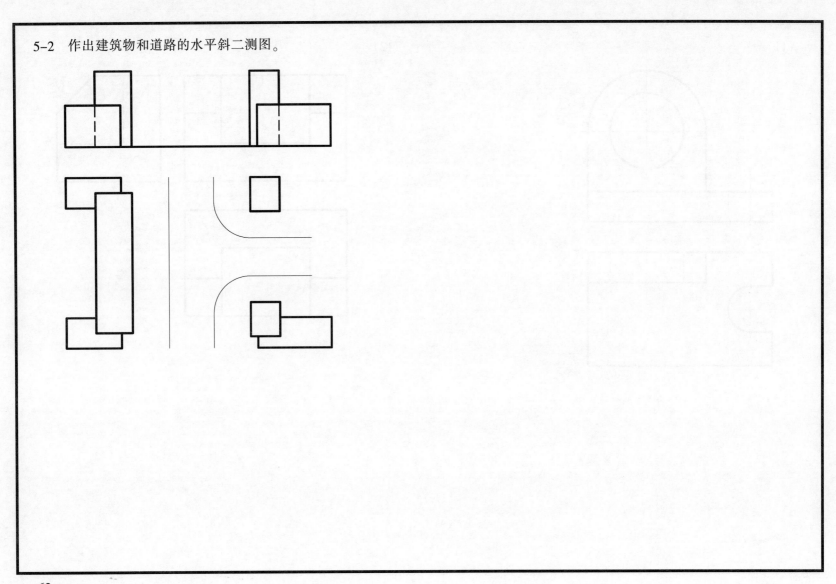

5-3 作出下列形体的水平斜等测投影图(轴测图中可不画门和窗)。

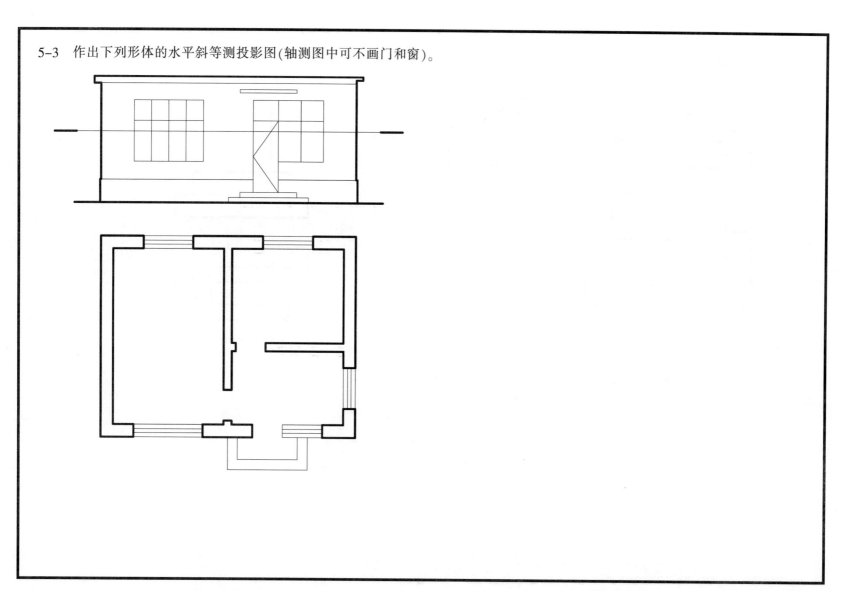

5-4 作出下列形体的正等测投影图。

(1)　　　　　　　　　　　　　　　　　　(2)

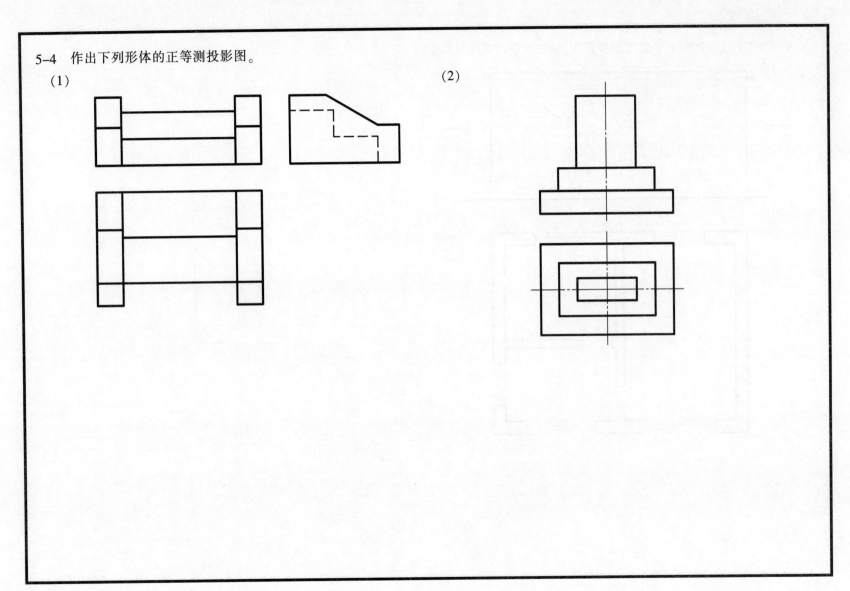

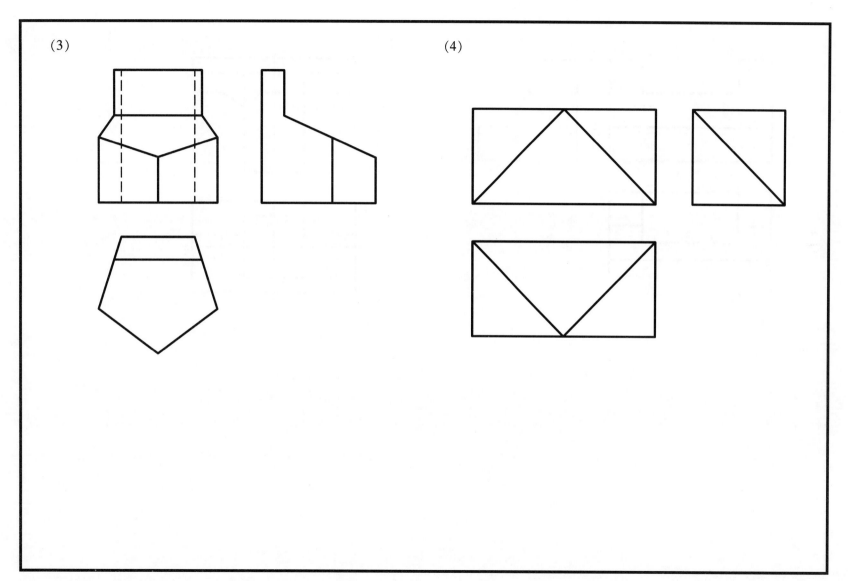

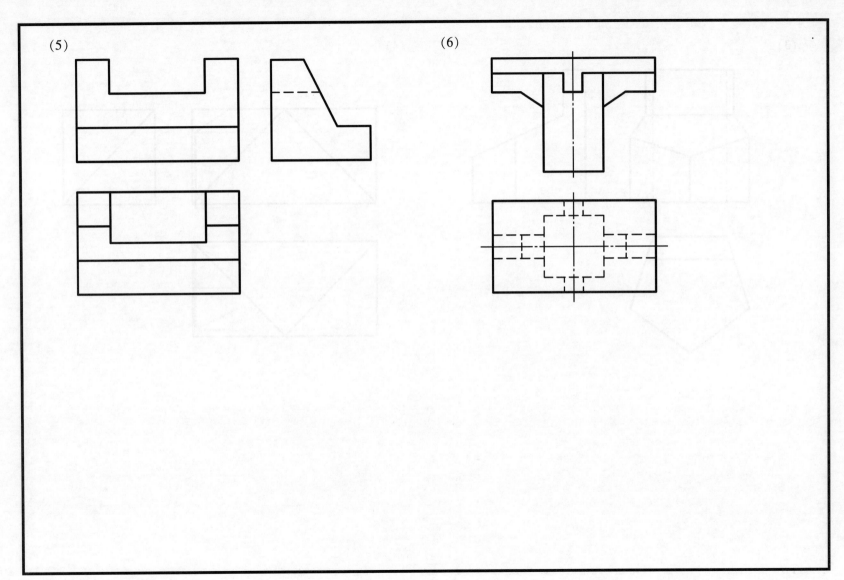

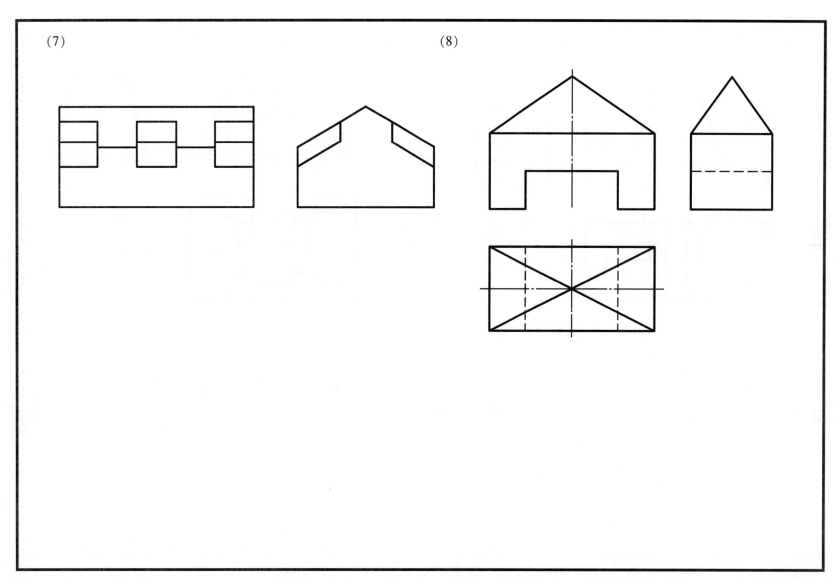

(9) (10)
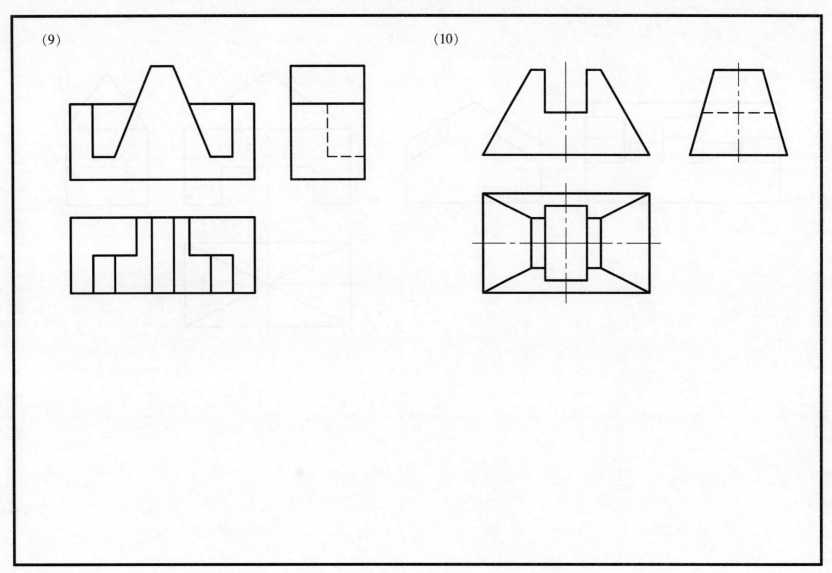

(11) (12)

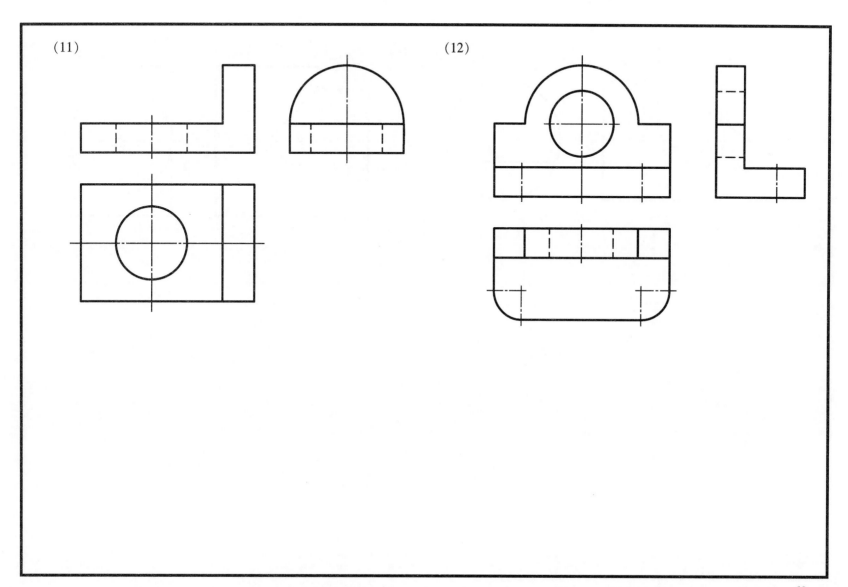

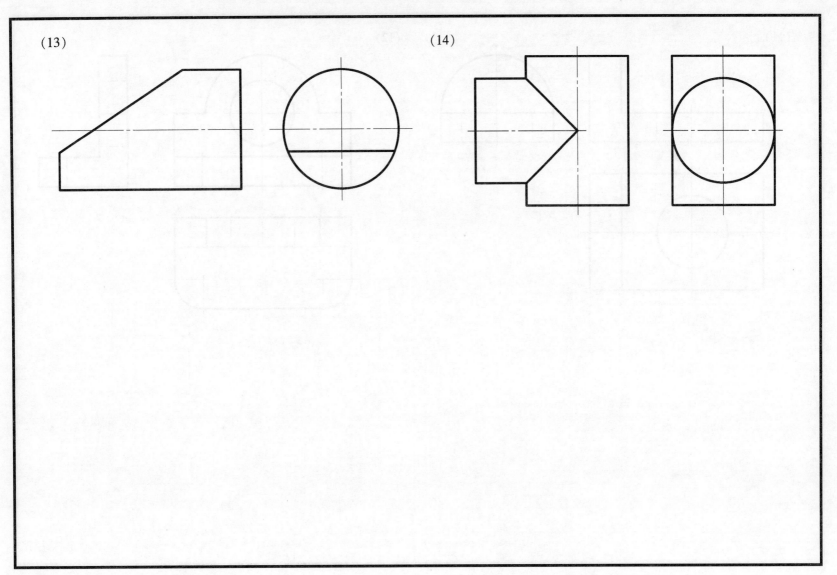

第六章 组合体视图

6-1 根据立体图确定视图。

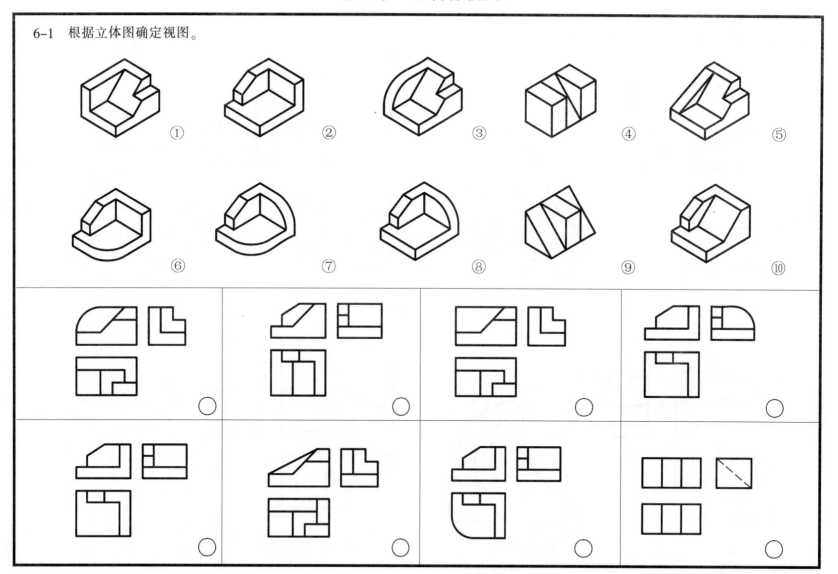

6-2 根据轴测图补画出视图中所缺的图线。

(1) (2) (3) (4)

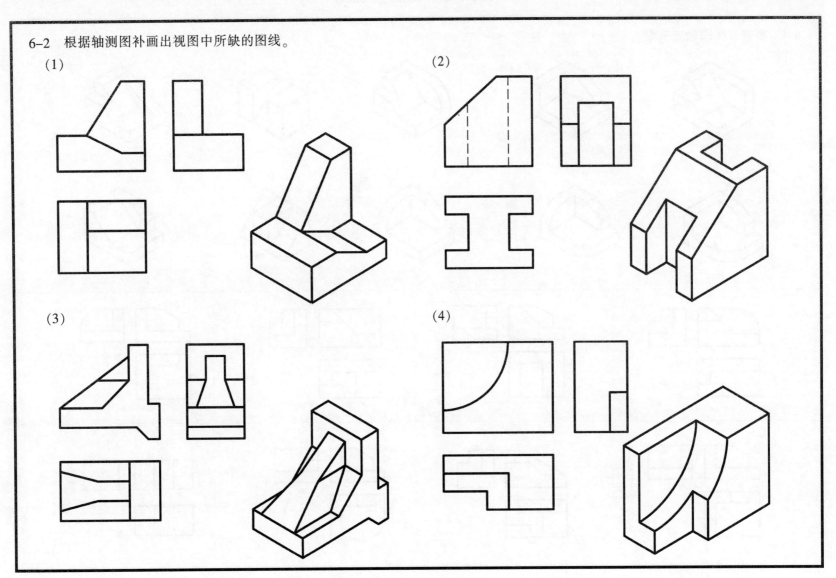

6-3 根据正等轴测图和所给的视图,补画三视图。

(1)　　　　　　　　　　　　　　　　　　(2)

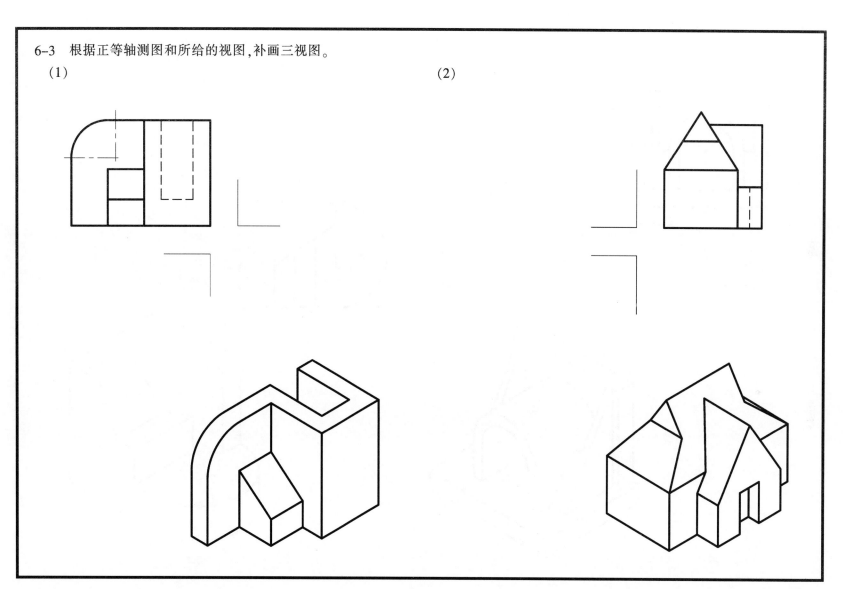

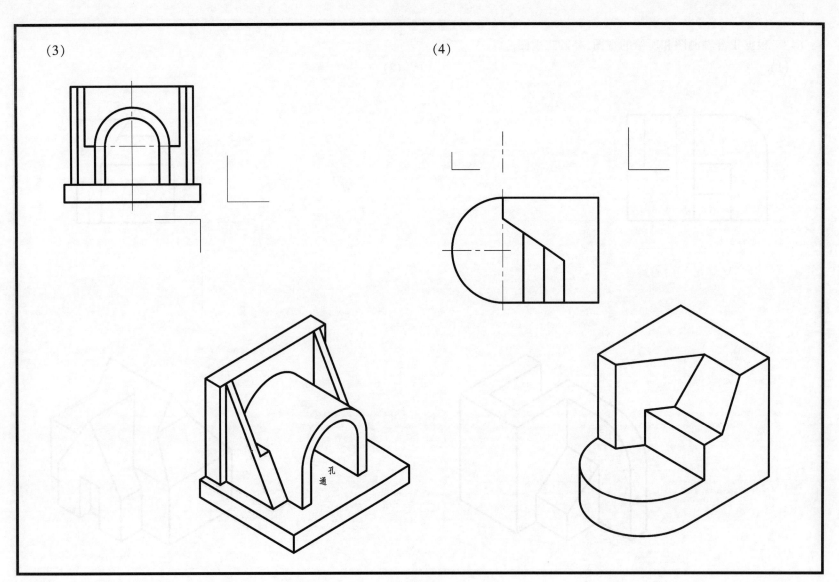

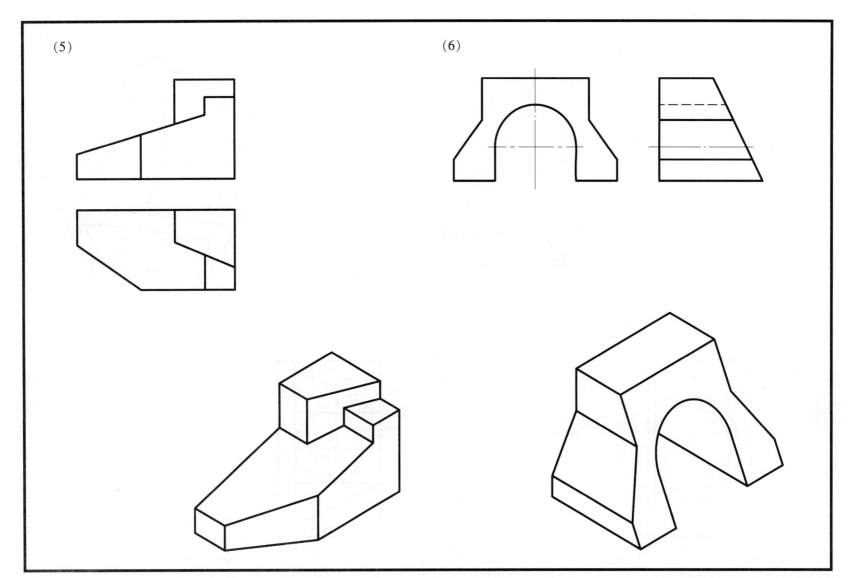

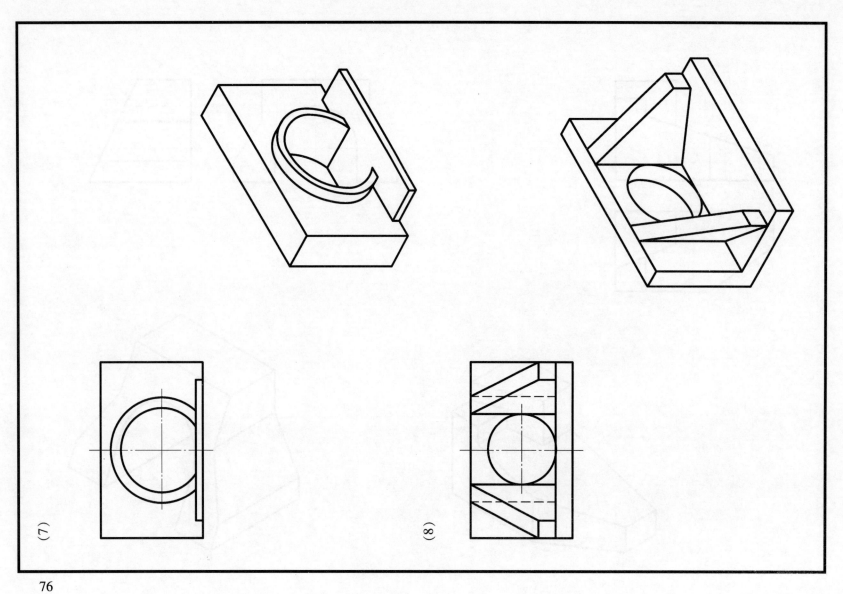

6-4 根据轴测图画立体三视图。

(1)

(2)

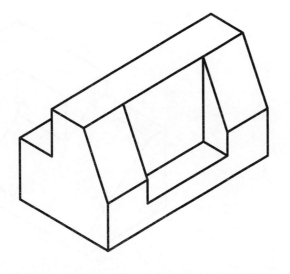
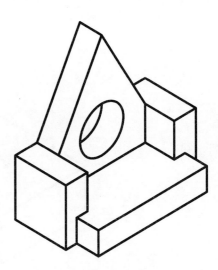

(3) (4)

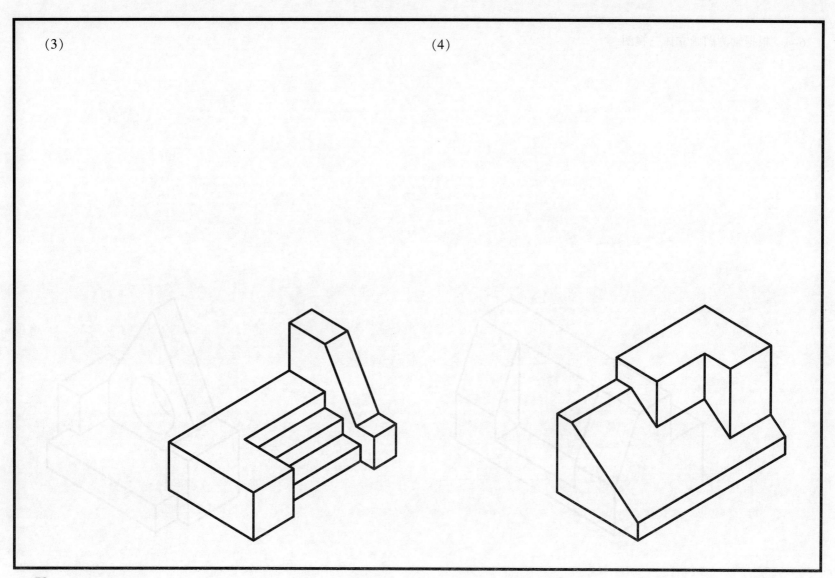

(5)

(6)

6-5 标注组合体的尺寸(尺寸数字在图中测量取整)。

(1)　　　　　　　　　　　　　　　　　　(2)

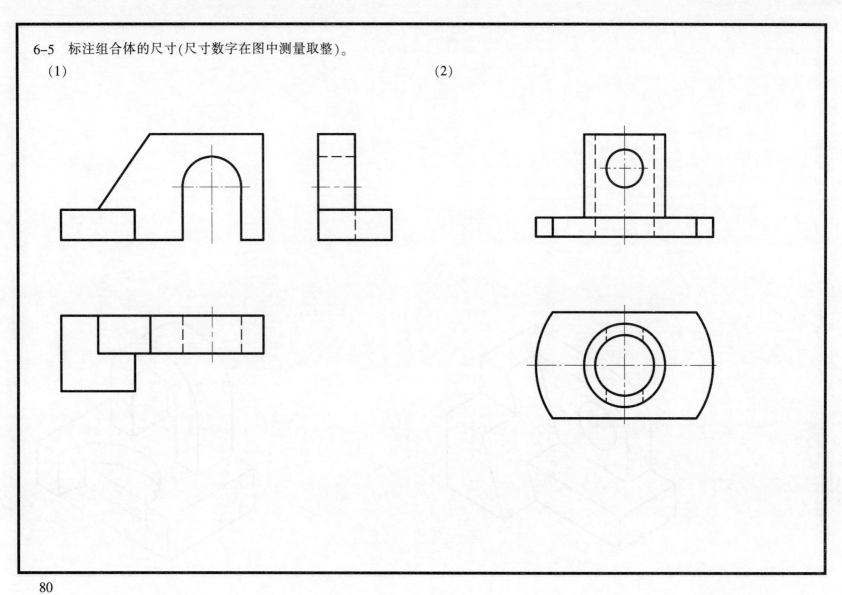

(3) (4)

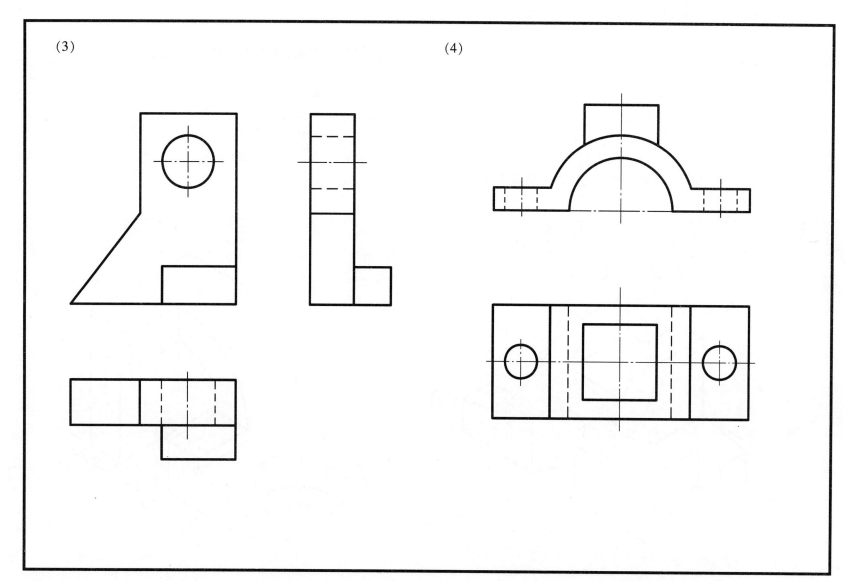

作业三 组合体三视图及尺寸标注(作业指导和图样)

一、目的

(1) 熟悉正投影法原理,掌握用视图表达组合体的画法。
(2) 掌握组合体的尺寸标注。

二、要求

(1) 画底稿定位时,应使各视图间留有适当的空间,以便标注尺寸。
(2) 根据轴测图画出形体三视图,校对无误后再描深,最后标注尺寸。
(3) 图线应符合线型规格。
(4) 标注尺寸应符合尺寸标注的有关规定。
(5) 填写标题栏:
① 图名 组合体三视图(10号字)。
② 图号 03(5号字)。
③ 比例 2:1(5号字)。

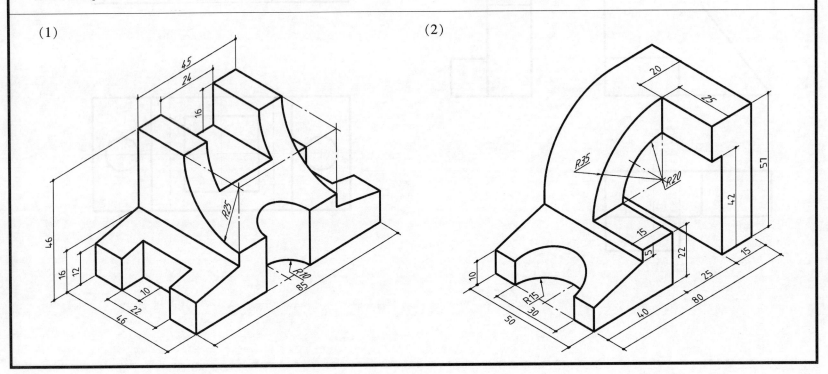

6-6 根据所给三视图,分析立体的空间形状,补画出三视图中的漏线。

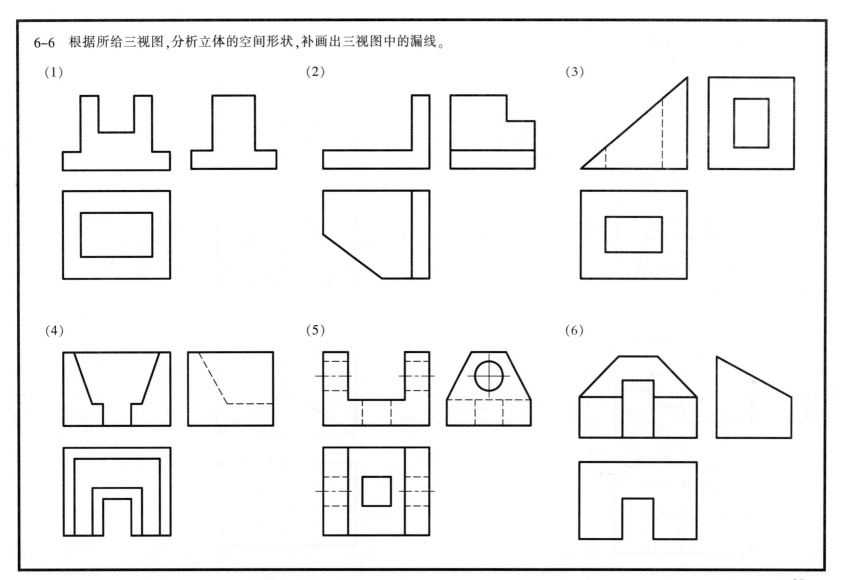

6-7 根据两面视图,补画第三面视图。

(1) (2) (3) (4)

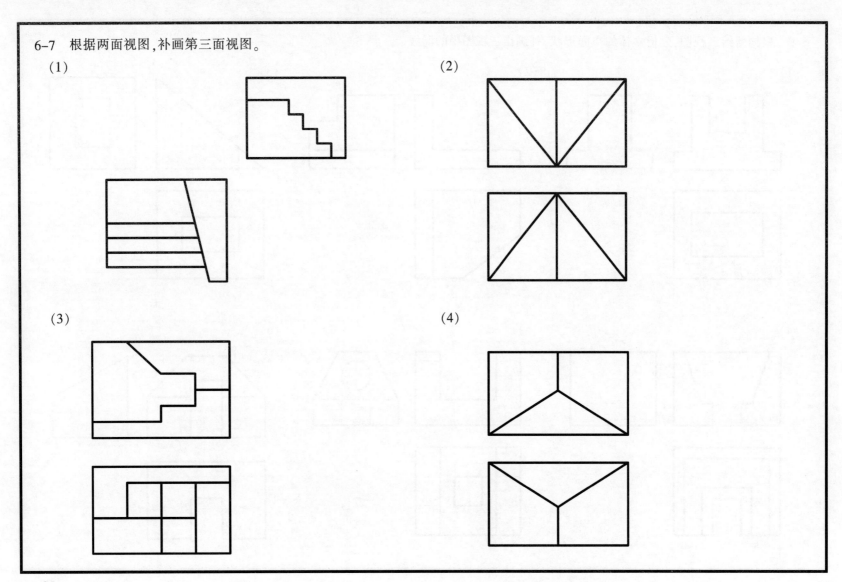

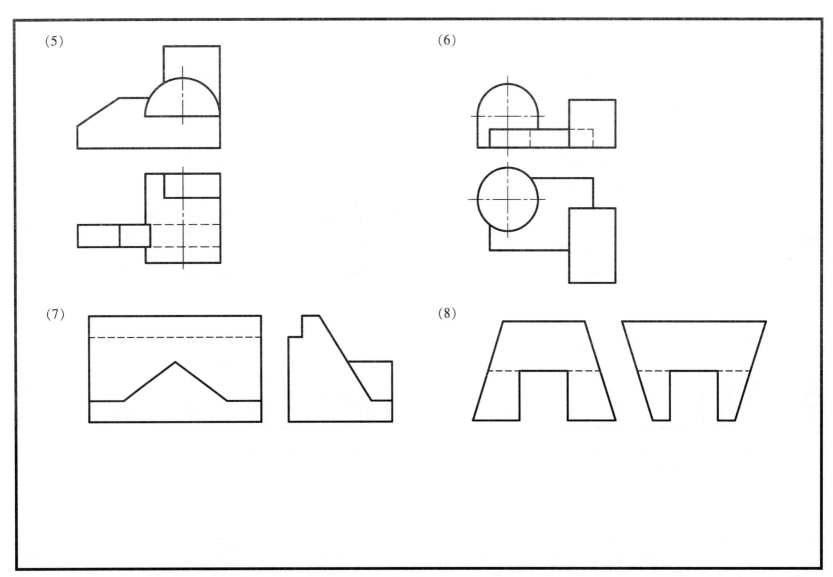

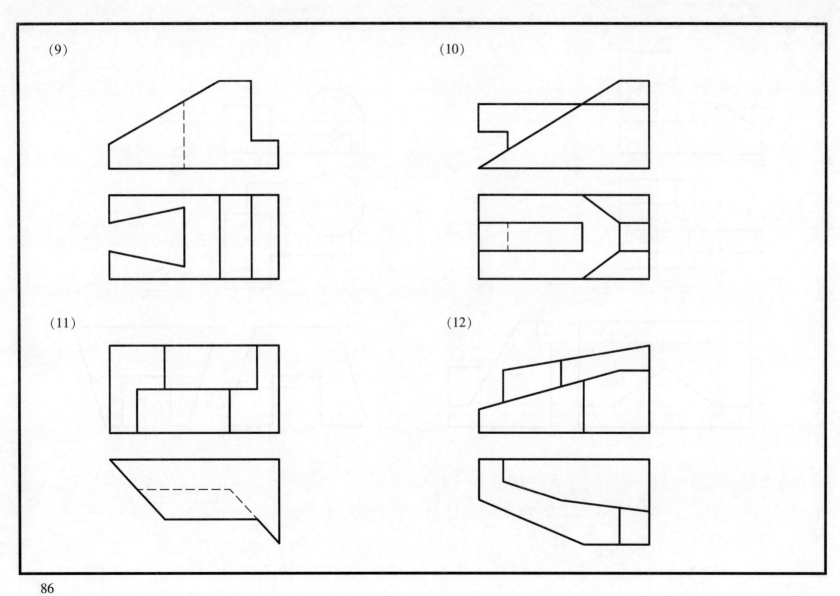

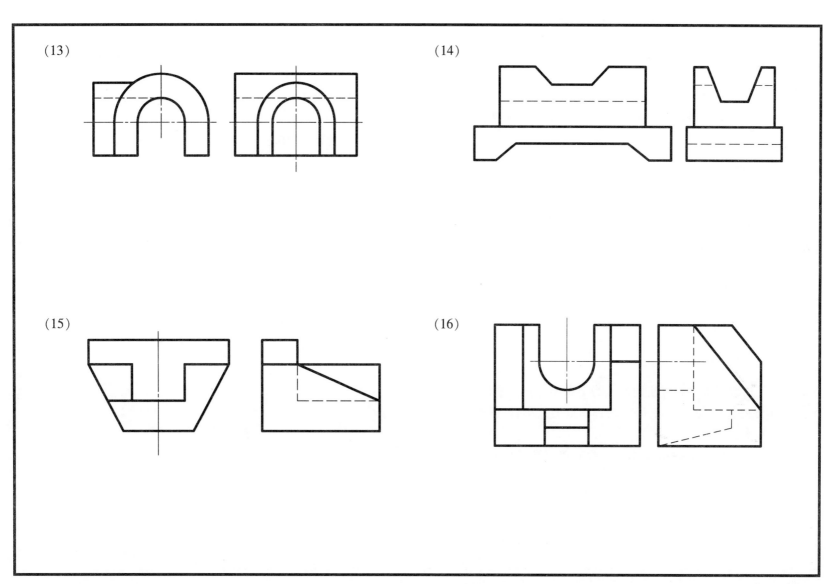

作业四 二补三、轴测图(作业指导)

一、目的

(1)学习运用形体分析法和线面分析法读图。

(2)学习运用形体分析法绘制组合体的三视图和标注尺寸。

二、内容

(1)作业图样共有四个分题[(1)~(4)],学生可根据专业自选一题。

(2)根据组合体的两面视图和尺寸,在 A3 图纸上用 1:10 的比例完成下列作图:

① 画出第三面视图。

② 在三面视图上重新标注尺寸。

③ 画出组合体的斜二测轴测图。

三、注意事项

(1)绘图步骤和方法同前。为了布图,应首先用草图纸把作业内容试画一下,然后根据各图形的大小,再在图纸上进行布图。

(2)图中表面交线,要用立体与立体相交求相贯线的方法准确作出。

(3)轴测投影中的轴向变形系数取简化系数,轴测图中一般不画虚线。

(4)可见轮廓线用粗实线(0.7mm);不可见轮廓线用中虚线(0.35mm);点画线、尺寸线、尺寸界线用细实线(0.18mm)。

(5) 填写标题栏:

① 图名 二补三、轴测图(10 号字)。

② 图号 04。

③ 比例 1:10(5 号直体字)。

作业四 二补三、轴测图(作业图样)

(1)

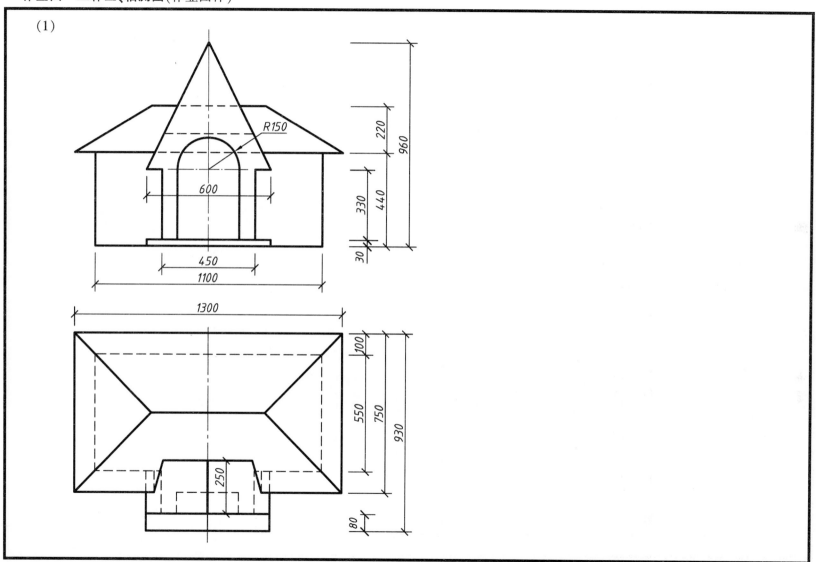

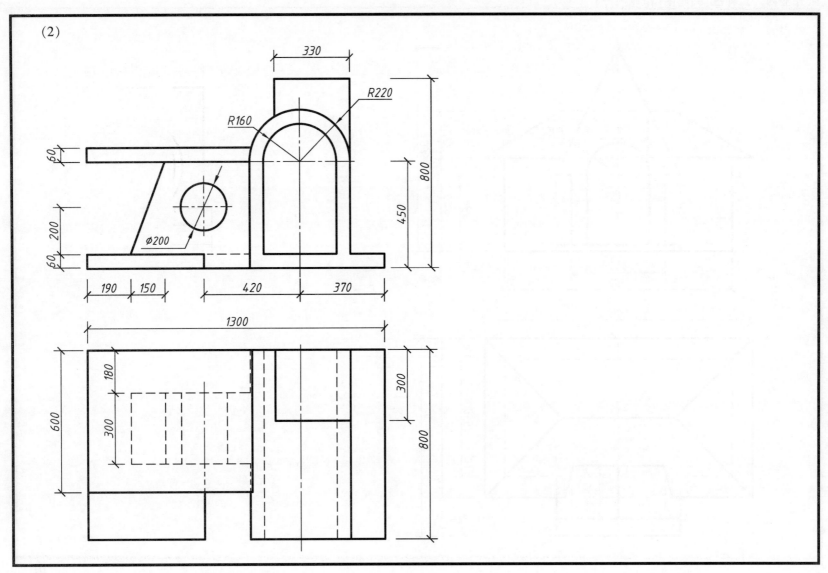

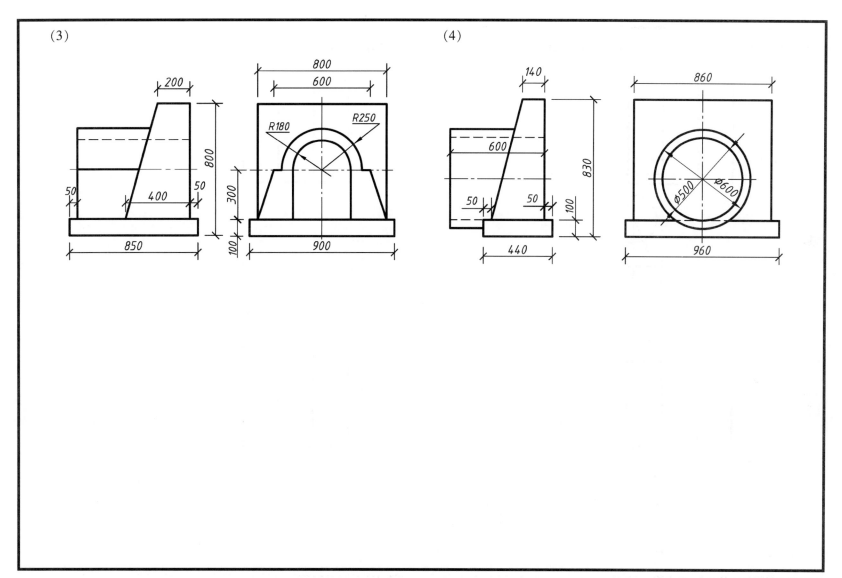

6-8 根据物体给出的单面视图,想象出不同形状的物体,并分别画出它们的另外两面视图。

(1)

(2)

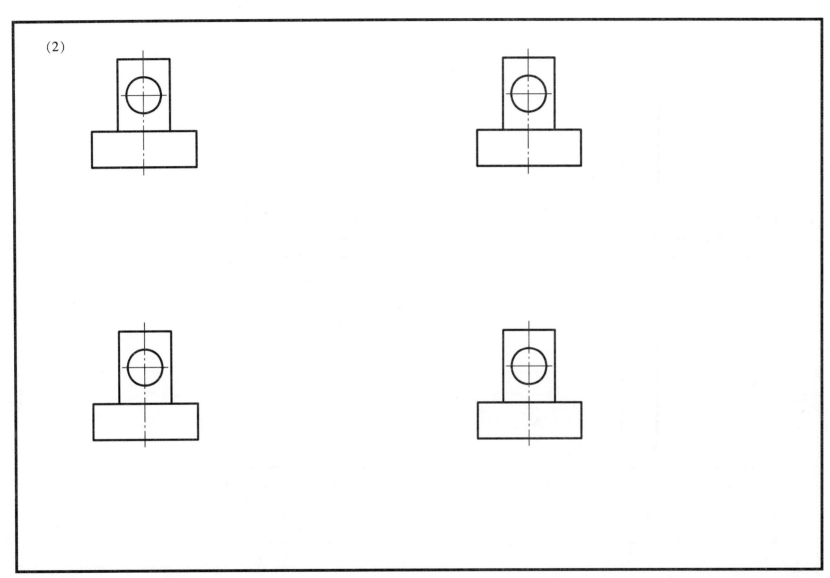

(3)

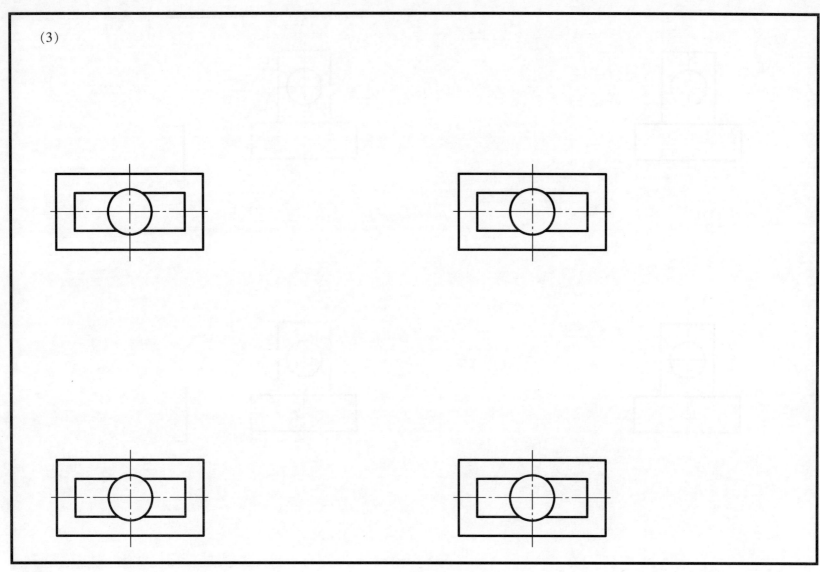

6-9 根据给出的两面视图,想象出不同形状的物体,并分别画出它们的第三面视图。

（1）

(2)

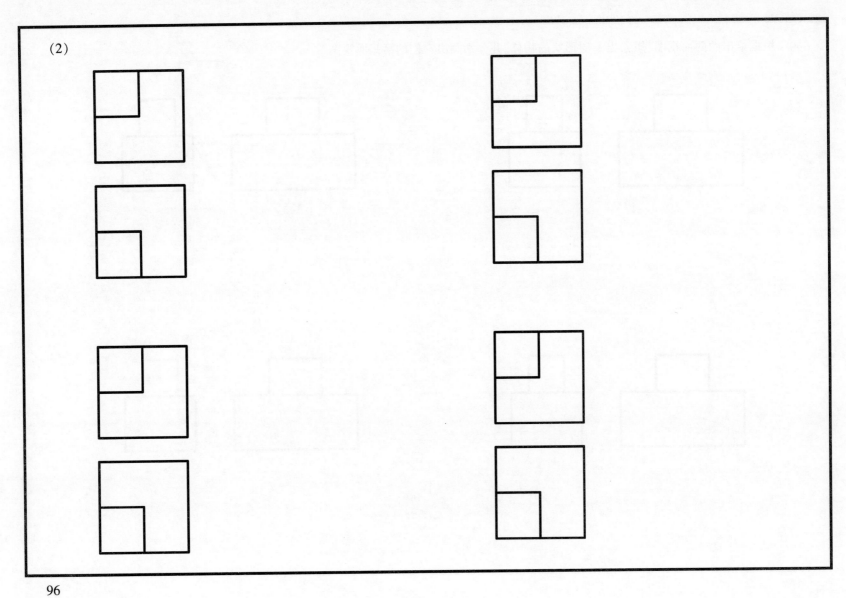

第七章 建筑形体的表达方法

7-1 根据轴测图画出三视图,并把正立面图、左侧立面图画成适当的剖面图(大小由图中直接量取)。

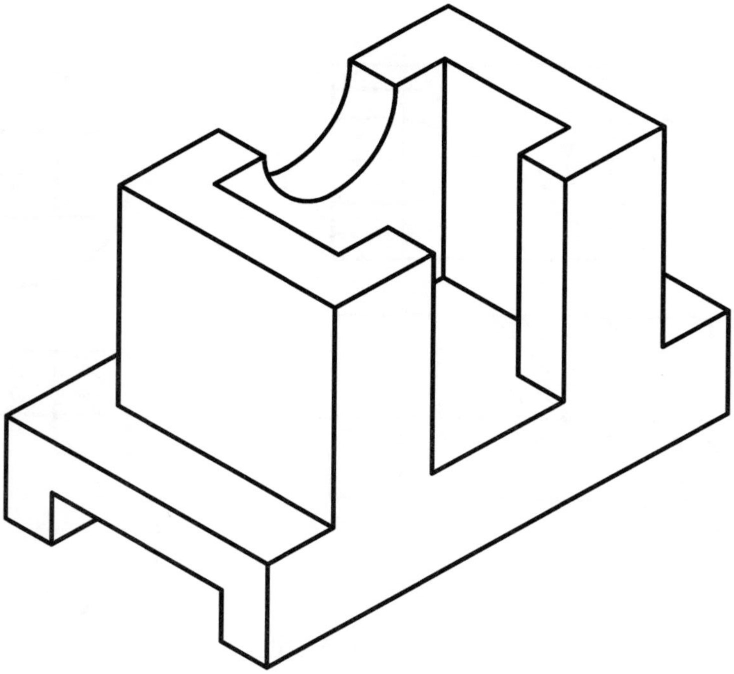

7-2 分析视图中的错误，补全剖面图中所缺的图线。

(1)

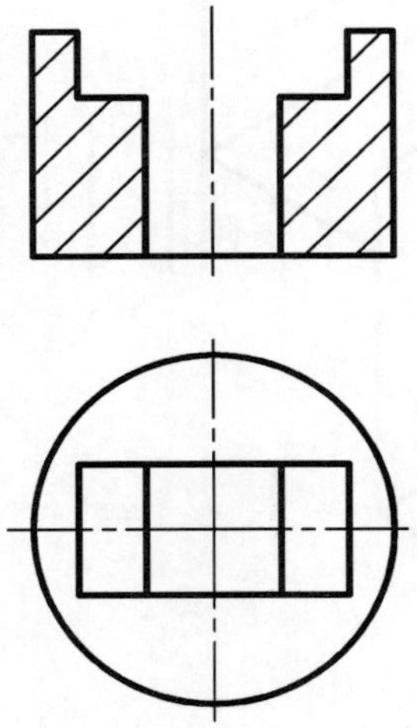

(2)

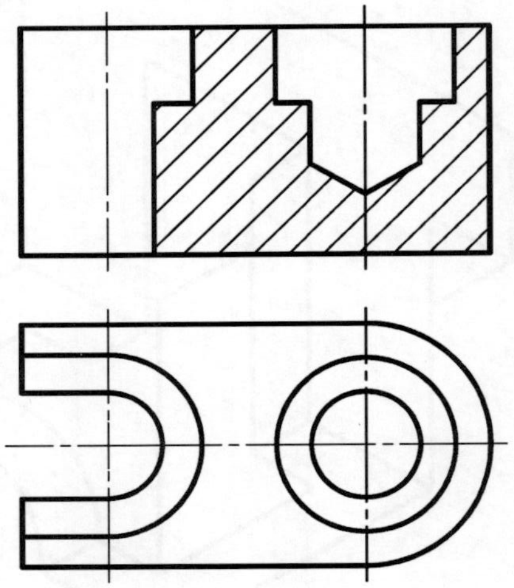

(3)

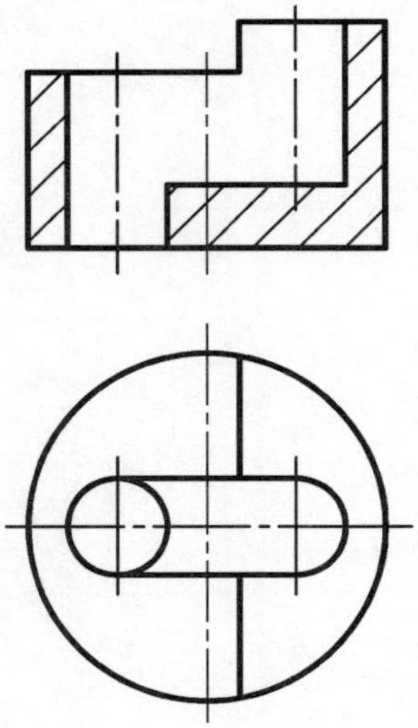

(4)

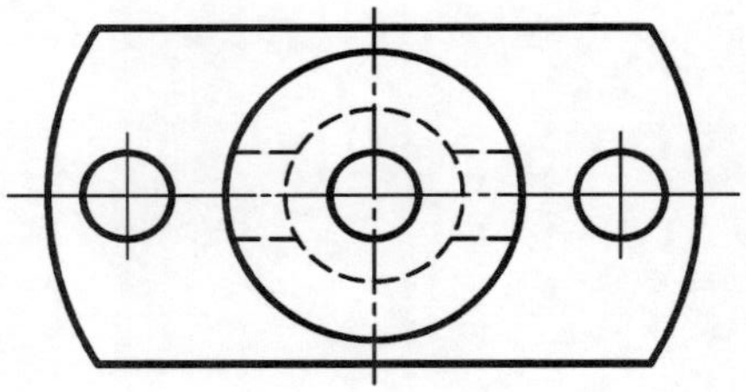

7-3 将正立面图改成全剖面图。

(1)　　　　　　　　　　　　　　　　　　　　(2)

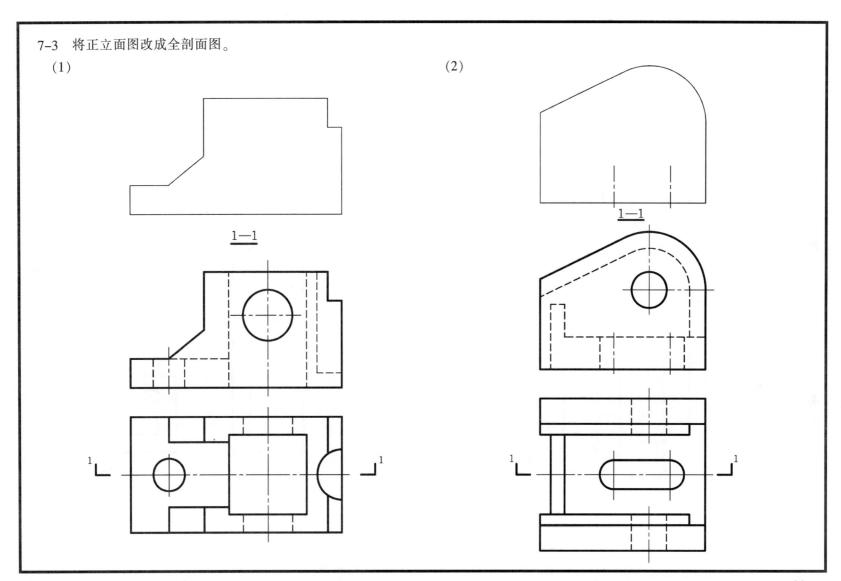

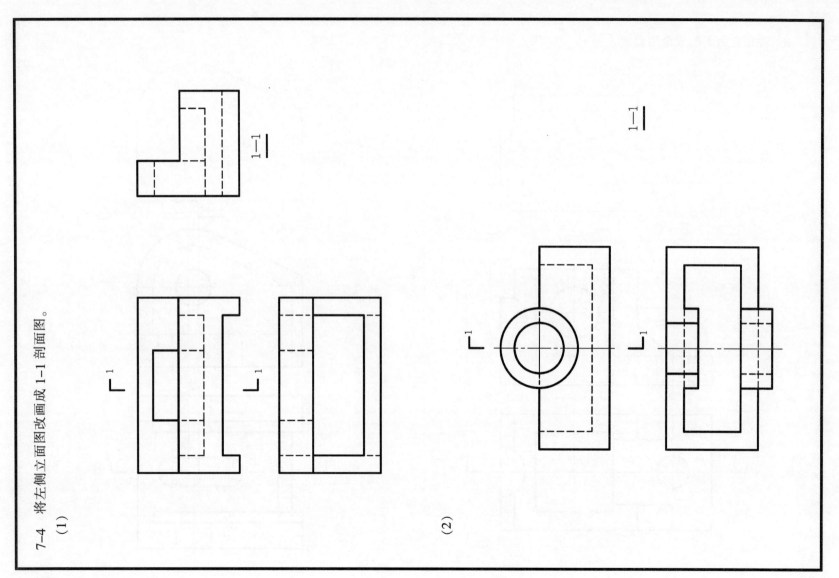

7-5 作下列各指定剖切位置的剖面图。

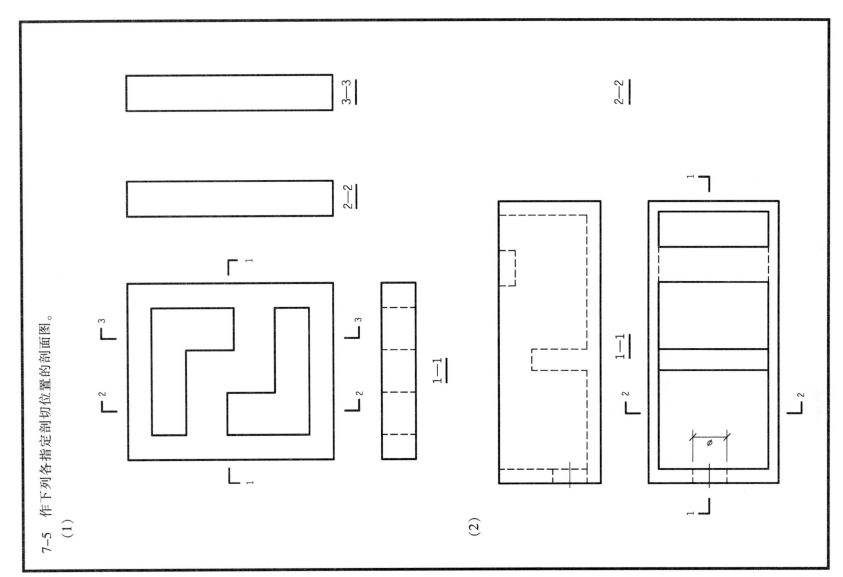

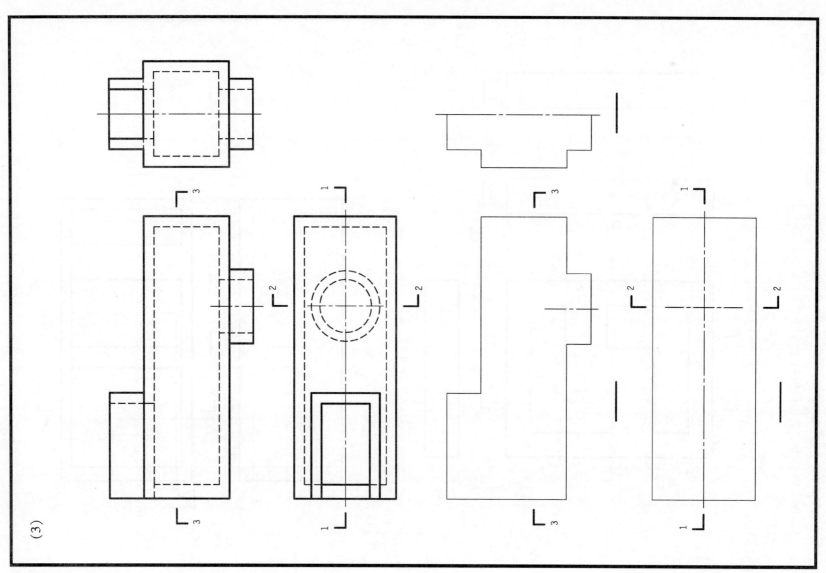

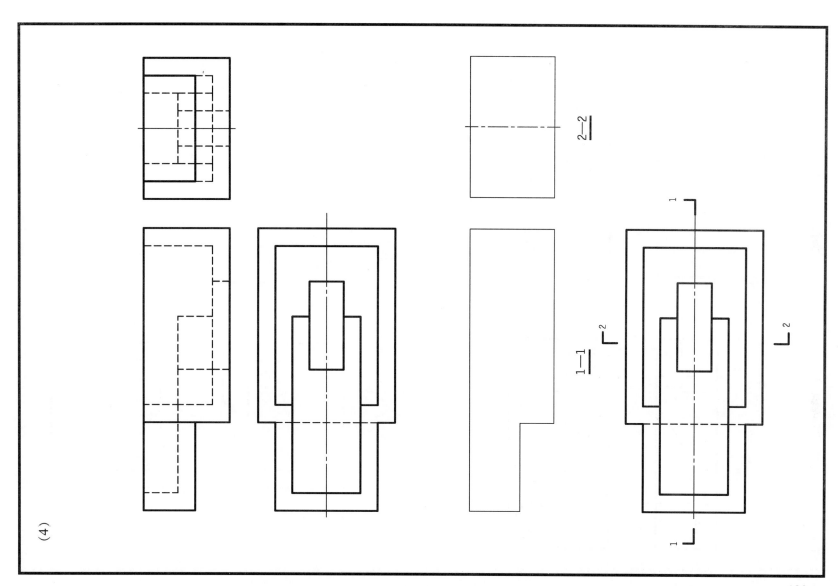

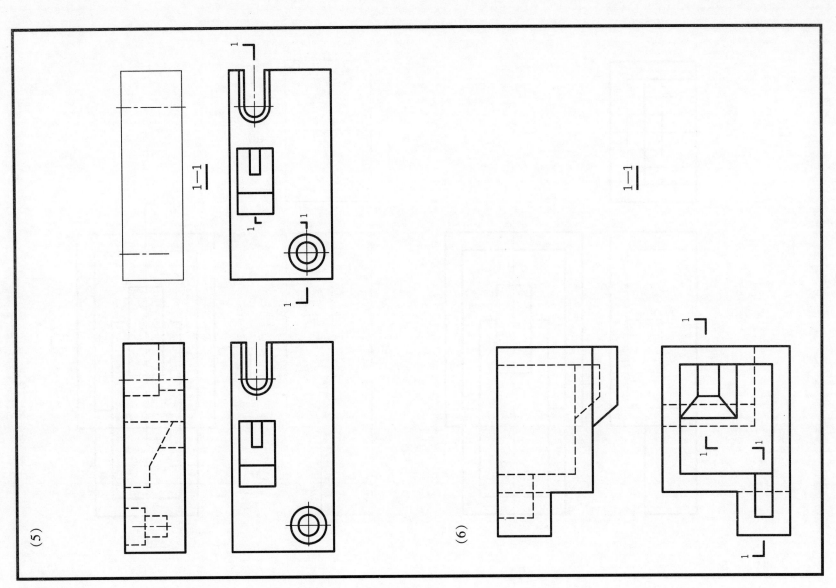

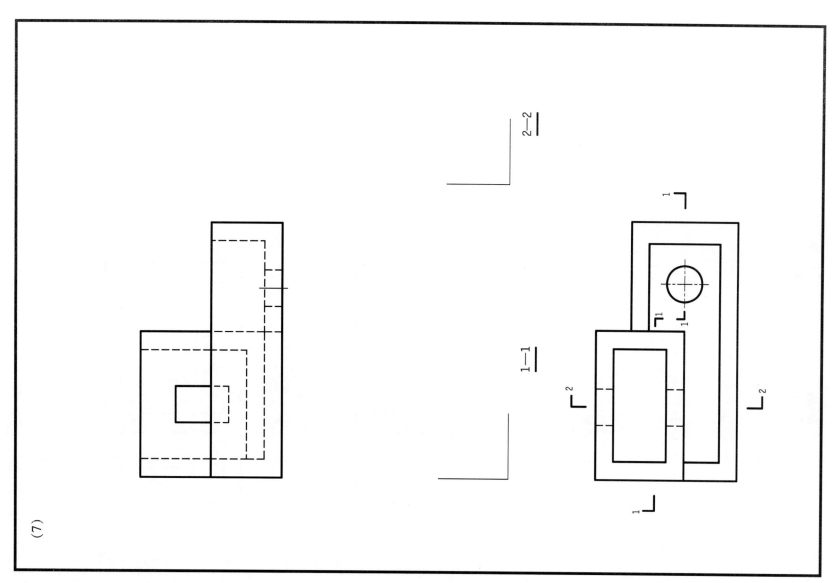

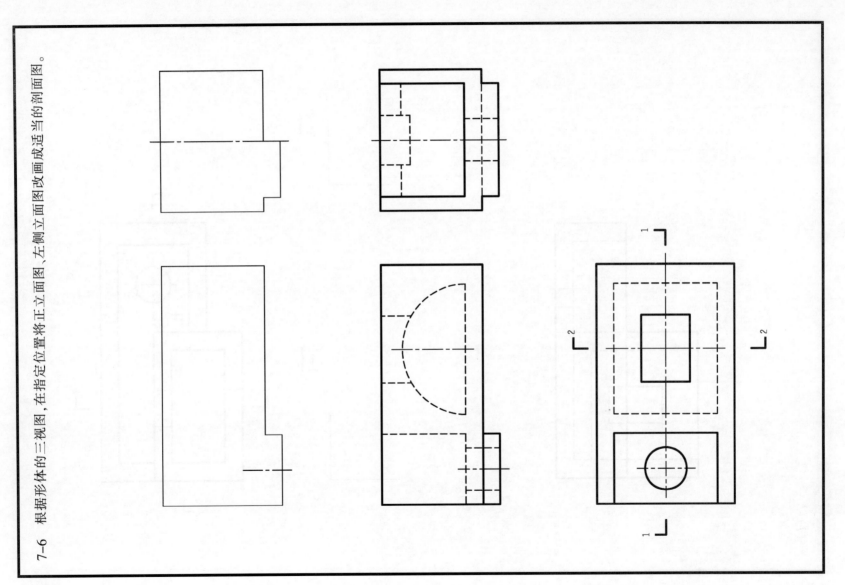

7-6 根据形体的三视图，在指定位置将正立面图、左侧立面图改画成适当的剖面图。

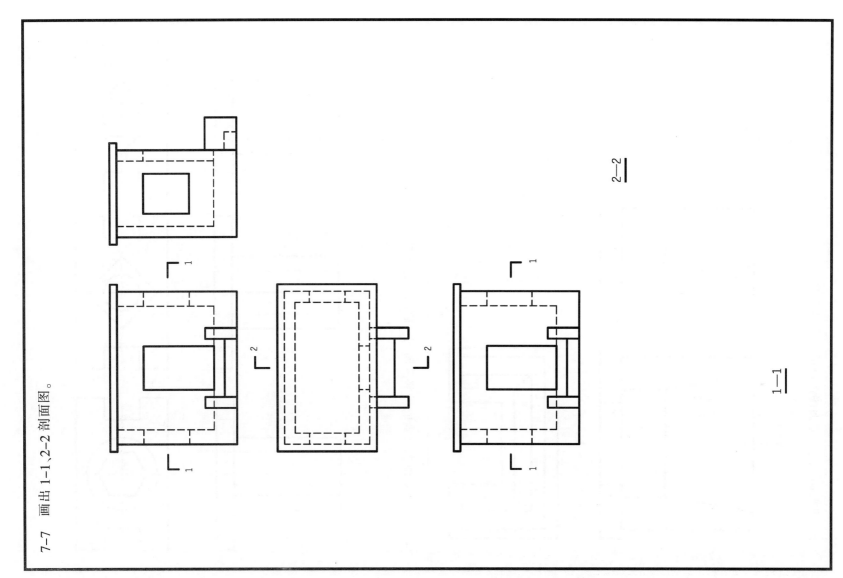

7-7 画出 1-1、2-2 剖面图。

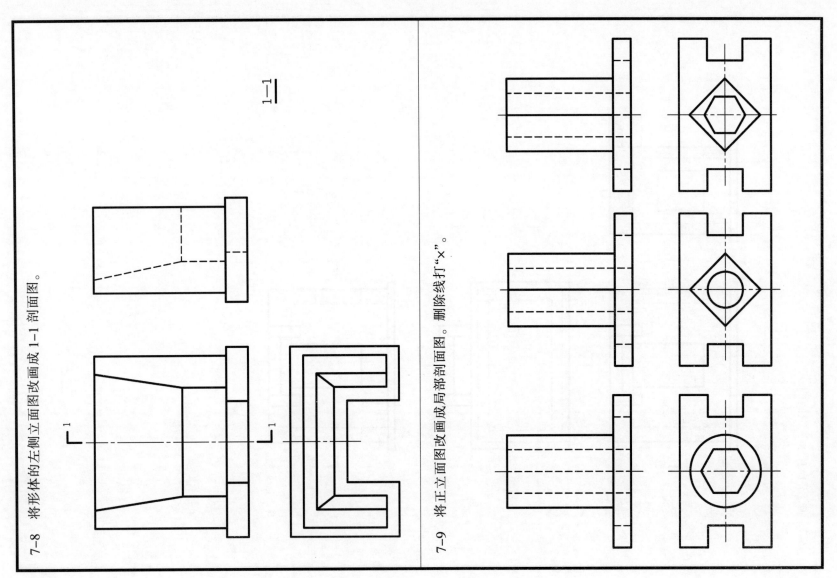

7-10 已知物体的正立面图和1—1剖面图，把左侧立面图画成适当的剖面图。

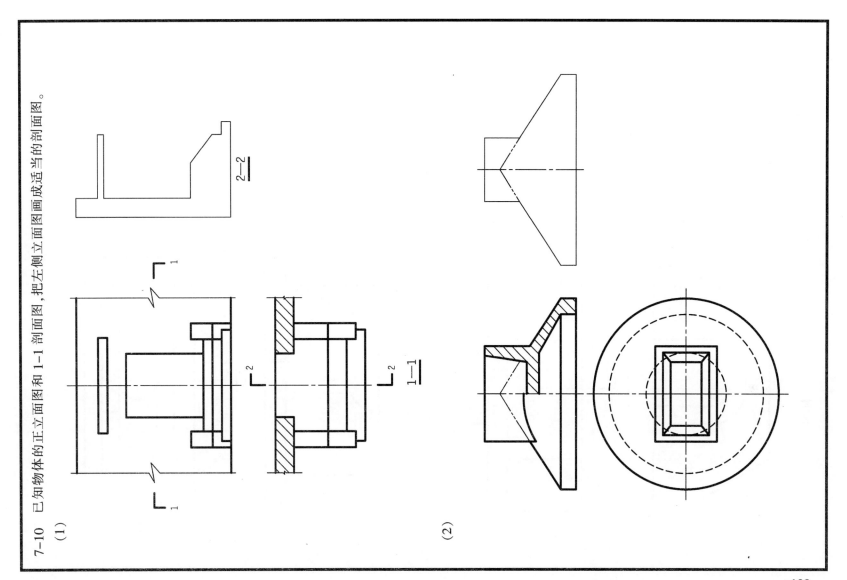

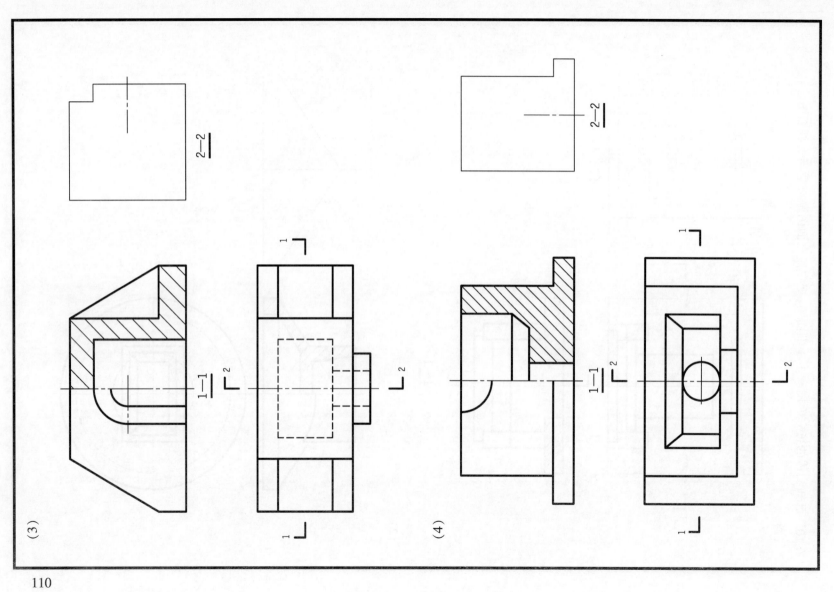

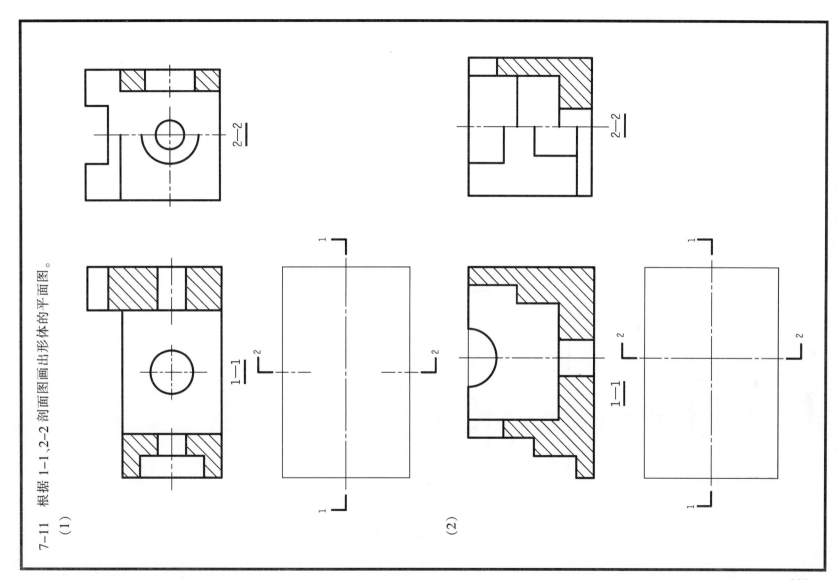

7-11 根据 1-1、2-2 剖面图画出形体的平面图。

7-12 将左侧立面图画成 1—1 剖面图，并画出其轴测剖面图（尺寸由视图中直接测量取整）。

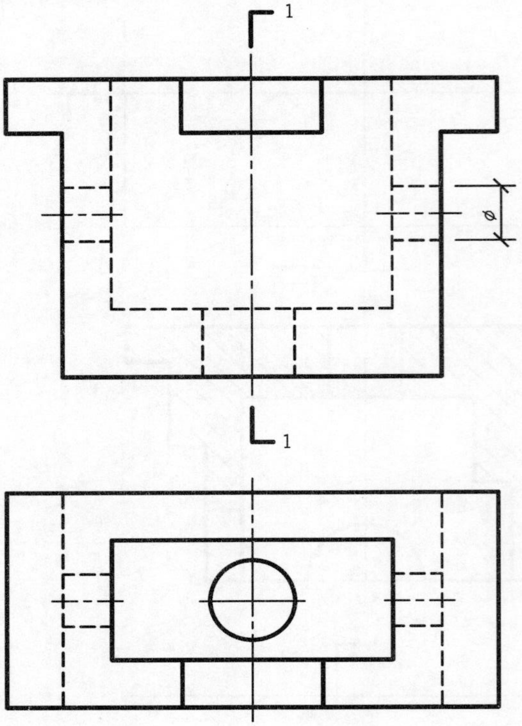

1—1

作业五 剖面图(作业指导)

一、目的

(1)提高读图能力。

(2)掌握剖面图的概念和画法,学习综合表达能力。

二、内容

(1)作业图样共有三个分题,即(1)~(3),可根据专业自选一题。

(2)根据给出的视图和尺寸在 A3 图纸上完成下列作图:

①画出三面视图。

②将各视图改画成适当的剖面图。

③重新标注尺寸。

三、注意事项

(1)各分题的剖切位置自行选择。

(2)同一物体在各剖面图中图例线方向、间距应一致。本作业中图例线距离取 3mm。

(3)本作业中可见轮廓线、剖面轮廓线一律用粗实线,并采用 0.7mm 线宽组。

(4)在剖面图中标注尺寸,除应遵守基本规定外,还应把外形尺寸注在表示外形视图的一侧,把内形尺寸注在表示内形剖面的一侧。

(5)填写标题栏:

①图名 剖面图。

②图号 05。

③比例 分题(1)和(2)采用 1:1,分题(3)采用 1:10。

作业五 剖面图(作业图样)

(1)

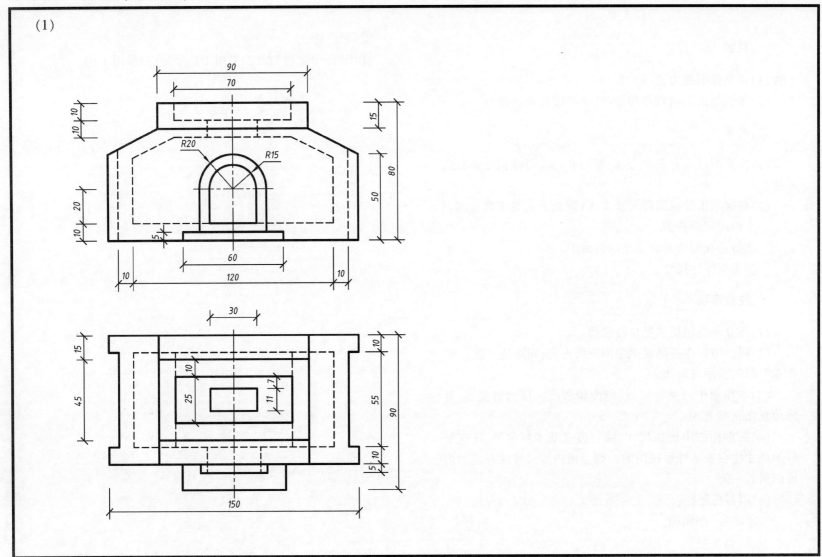

114

(2)

(3)

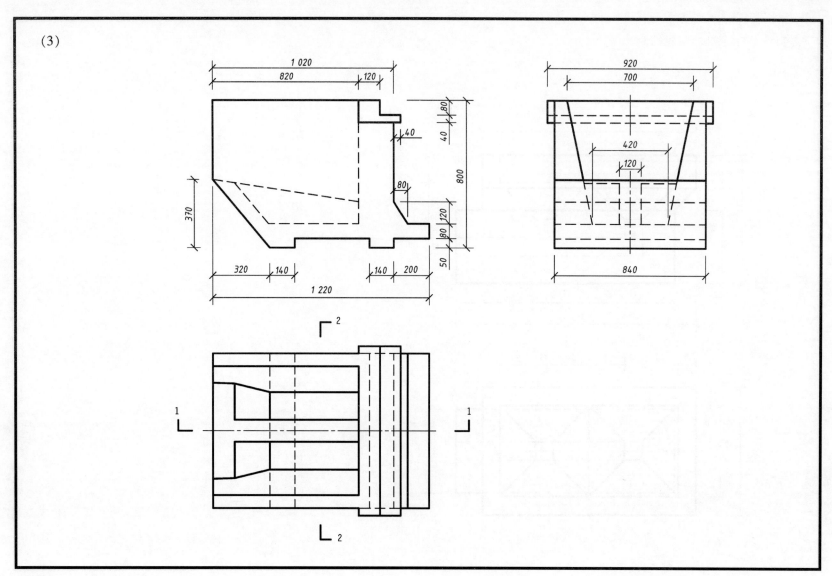

7-13 作指定剖切位置的断面图。

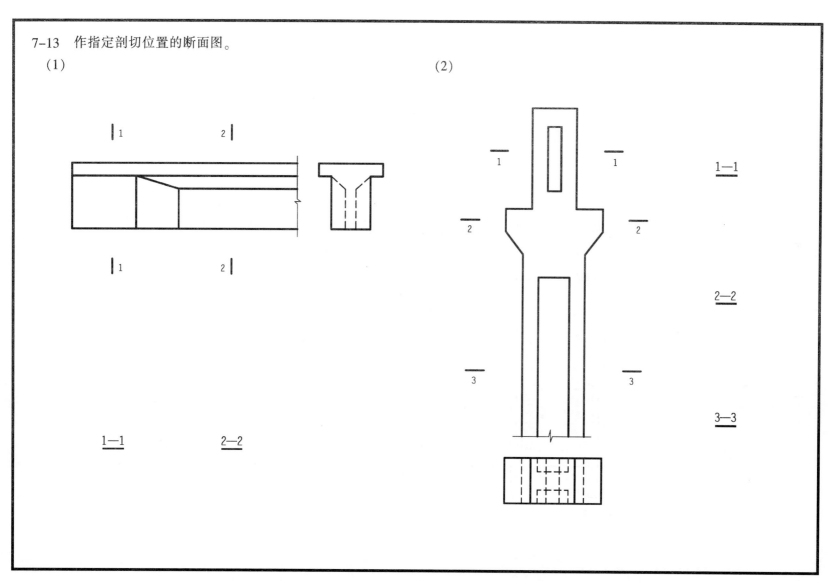

7-14 作出2-2剖面图和3-3、4-4断面图。

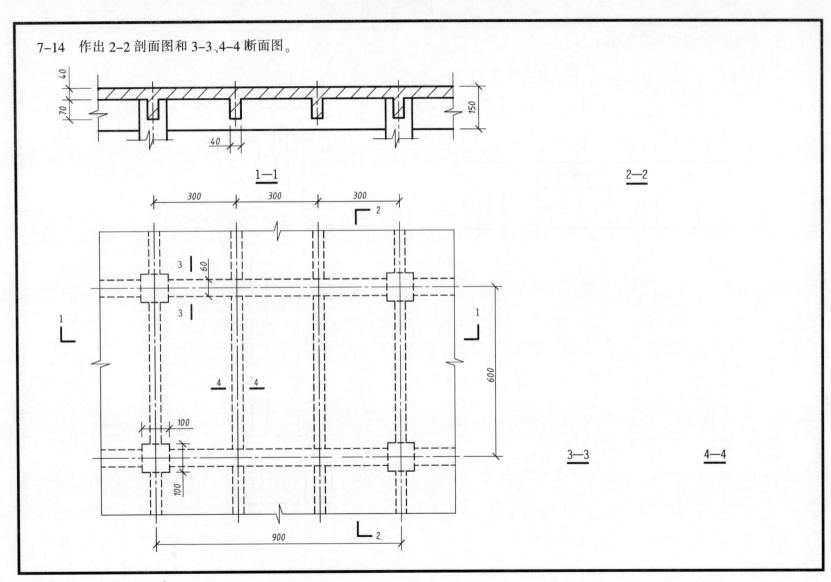

第八章 计算机绘图基础

8-1 在计算机上抄绘下列平面图形,并标注尺寸。

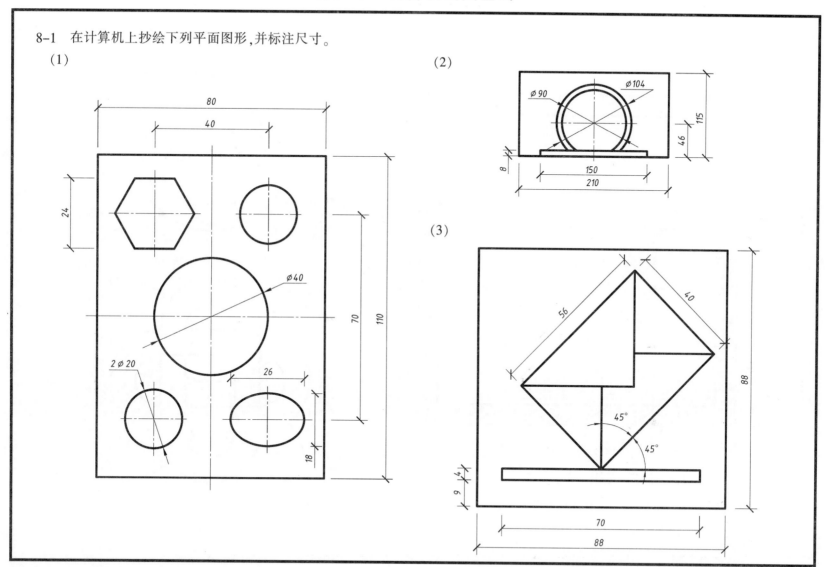

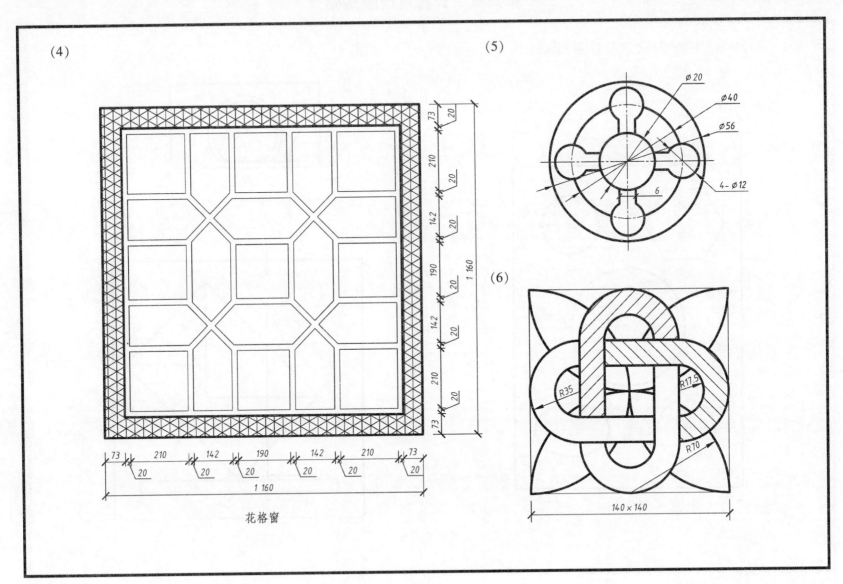

8-2 在计算机上抄绘下列组合体视图,并标注尺寸。

(1)　　　　　　　　　　(2)

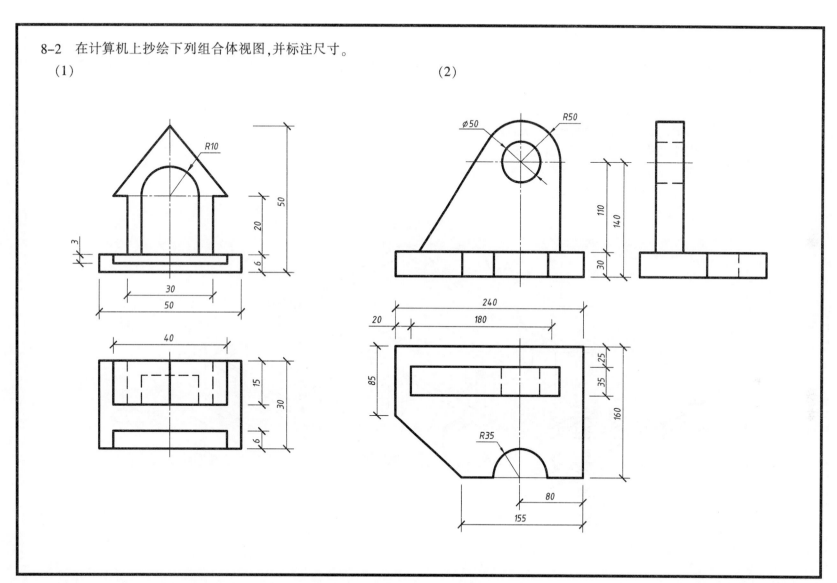

第九章 房屋建筑施工图

作业六 房屋的平、立、剖面图(作业指导和图样)

根据房屋的轴测剖面图(如本页和下一页图所示),用1:100的比例在A3图幅内(或用1:50比例在A2图幅内)画出它的平、立、剖面图。

1. 平面图和剖面图图线的要求:
   ① 被剖到的墙、柱轮廓线用粗实线(0.7mm);
   ② 建筑构配件可见轮廓线用中实线(0.35mm);
   ③ 定位轴线、尺寸线、尺寸界线等用细实线(0.18mm);
   ④ 室外地平线用特粗实线(1~1.2mm)。

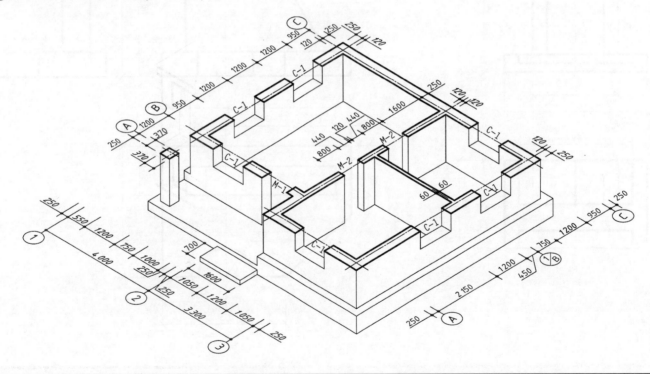

2. ①~③ 立面图图线的要求：
   ①室外地平线为特粗实线(1~2mm)。
   ②最外轮廓线用粗实线(0.7mm)。
   ③勒脚、门窗洞口、雨篷、台阶等轮廓线为中实线(0.35mm)。
   ④尺寸线、尺寸界线为细实线(0.18mm)。

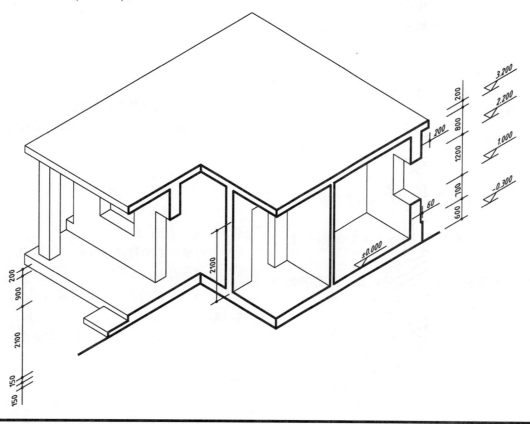

作业七、八、九 建筑平面、立面、剖面图（作业指导）

一、目的

(1) 了解一般房屋建筑平、立、剖面图的内容和表示法。

(2) 学习绘制建筑平、立、剖面图的方法和步骤。

二、内容

根据作业图样中给出的底层平面图、立面图和1-1剖面图，要求：

(1) 用 A3 图幅，按 1:100 的比例绘制底层平面图。

(2) 用 A3 图幅，按 1:100 的比例绘制⑨-①立面图。

(3) 用 A3 图幅，按 1:100 的比例绘制 1-1 剖面图。

三、绘制的方法和步骤

1. 底层平面图

(1) 绘制平面图的方法和步骤参见教材第九章中第三节图 9-16。

(2) 梯楼间的详细尺寸参见作业七建筑平面图作业图样一。

(3) 底层平面图中所缺的内部尺寸参见建筑平面图作业图样二(A、B 户型平面详图)。

(4) 洁具的主要尺寸如下图所示。

(5) 平面图中图线线宽规定如下：

　①被剖的墙身轮廓线用粗实线(0.7mm)。

　②被剖的非承重墙身轮廓线、楼梯、台阶、散水和未剖

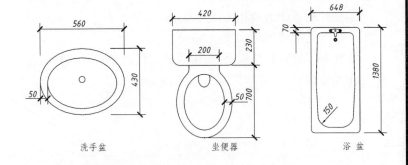

洗手盆　　坐便器　　浴盆

到的可见墙身轮廓线与门开启线等用中实线(0.35mm)。

　③轴线、尺寸线和尺寸界线、图例线等用细线(0.18mm)。

(6) 字号：

　①轴线编号圆的直径为 8mm，中间写 5 号字。

　②尺寸及标高数字用 3.5 号字。

　③门窗编号、剖切符号及编号、表示楼梯上下行、房间名称等文字等用 5 号字。

(7) 平面图中仅抄注外墙的三道尺寸，其他尺寸一律省略。

2. 立面图

(1) 立面图的绘制方法和步骤详见教材第九章中第四节图 9-18。

(2) 绘制立面图要参考 1-1 剖面图作业图样、教材第九章中图 9-19 建筑剖面图、图 9-31 门窗立面图和图 9-32 外墙剖面详图。

(3)立面图中要画出通风道,其位置和大小要由教材第九章中图9-15屋顶平面图确定。

(4)立面图中图线线宽层次规定如下:

①立面图外形轮廓线(除通风道、阳台外)用粗实线(线宽0.7mm)。

②门窗洞口、檐口、阳台、台阶、通风道、勒脚等轮廓线用中实线(线宽0.35mm)。

③门窗分格线、墙面装饰线条、尺寸线、尺寸界线等用细实线(线宽0.18mm)。

④室外地平线用粗实线(线宽1~2mm)。

(5)轴线编号同平面图,标高数字用3.5号字。

3. 剖面图

(1)绘制剖面图的方法和步骤详见教材第九章中第五节图9-20。

(2)1-1剖面图的剖切位置如底层平面图所示。

(3)绘制剖面图时,要参考平面图、立面图和墙身详图中的有关尺寸。

(4)图线线宽的层次和字号同平面图。

(5)剖面图中可不画材料图例。

四、注意事项

(1)本次作业内容较多,画图时必须认真阅读教材中有关部分,弄清各图中的内容,在表示方法、尺寸标注上都有哪些规定。

(2)图中有些细部,若无详图可按比例近似画出。

(3)图名和比例一律标注在标题栏中:

①图名　底层平面图。
②图号　07。
③比例　1:100。
④图名　立面图。
⑤图号　08。
⑥比例　1:100。
⑦图名　1-1剖面图。
⑧图号　09。
⑨比例　1:50。

作业七 建筑平面图(作业图样一)

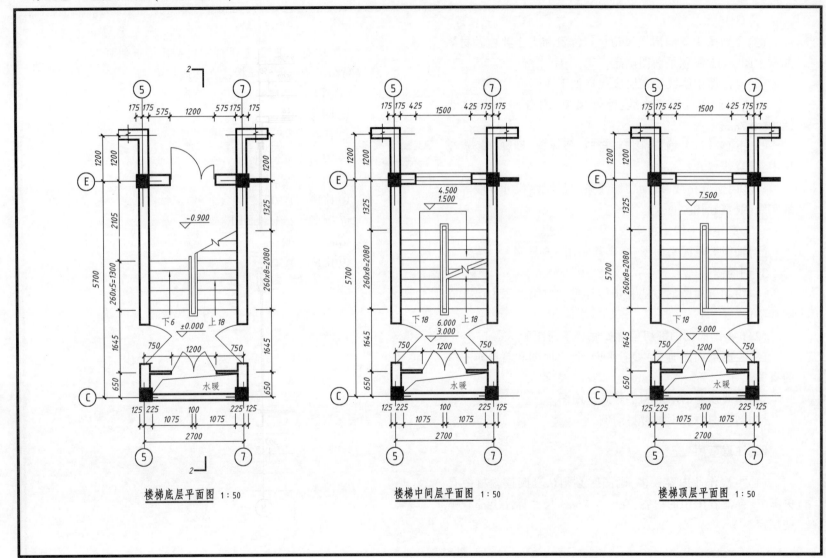

作业七 建筑平面图(作业图样二)

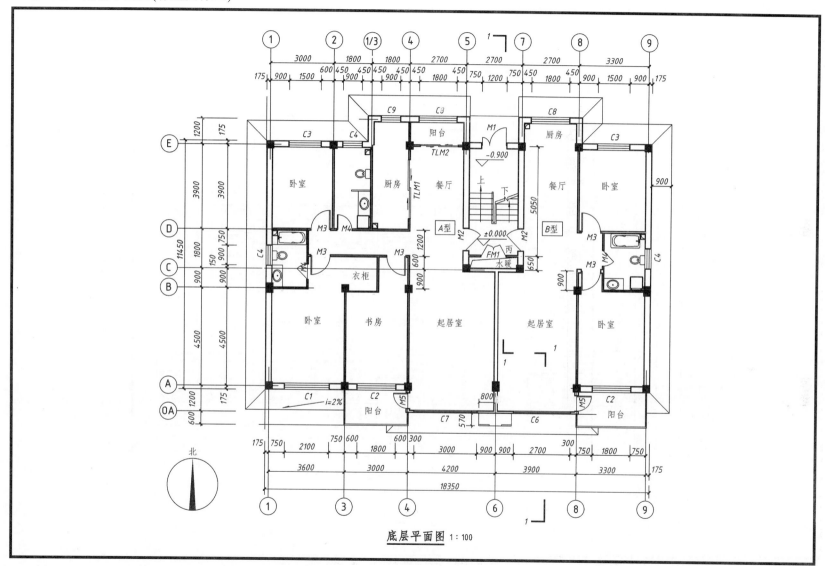

作业八 建筑立面图(作业图样)

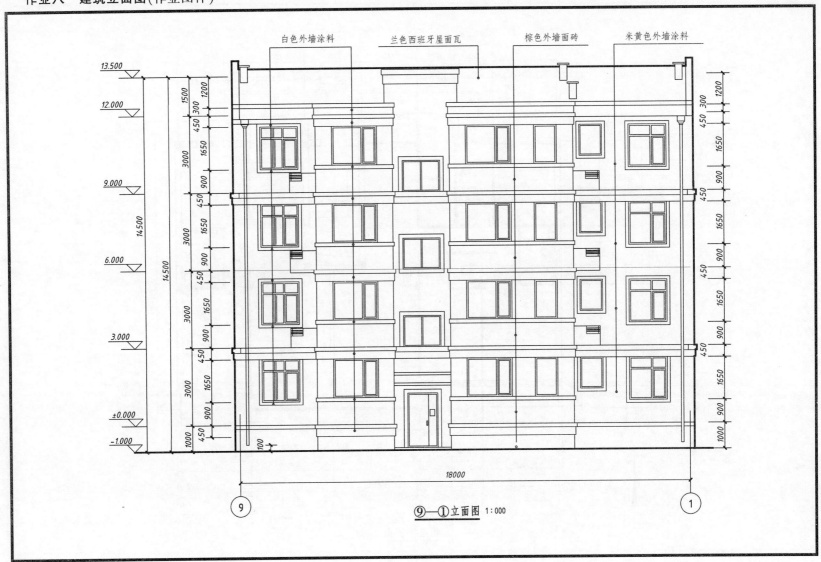

128

作业九　建筑剖面图(作业图样一)

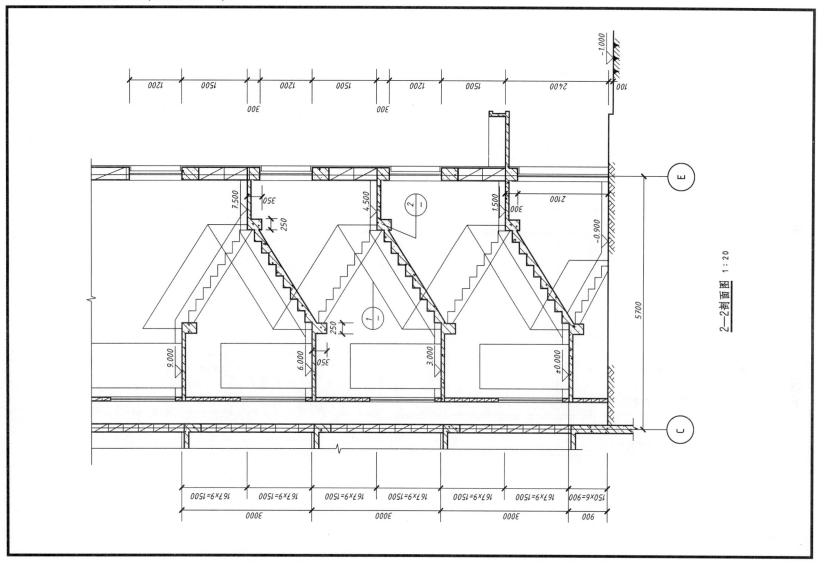

作业九　建筑剖面图(作业图样二)

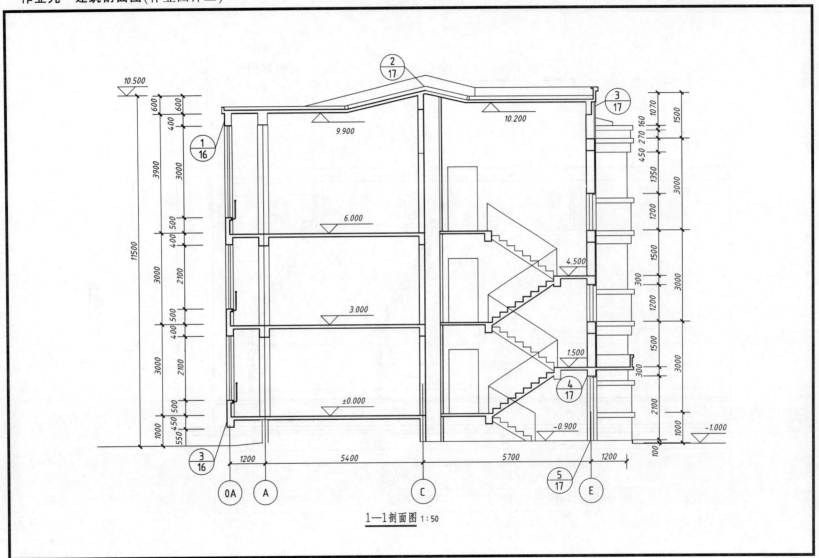

1—1剖面图　1:50

作业十 墙身详图(作业指导)

一、目的

(1)了解墙身的表达方法。
(2)熟悉墙身详图表示的内容。
(3)学习绘图技巧。

二、内容

根据作业十的作业图样,在 A3 幅面的图纸上采用 1:20 的比例抄绘墙身构造详图。

三、注意事项

(1)图线层次规定如下:
① 被剖切的主要部分轮廓线,如墙身、楼板、过梁、屋面板、地面等用粗实线(0.7mm)。
② 被剖切的次要部分和其他可见构件的轮廓线用中实线(0.35mm)。
③ 尺寸线、尺寸界线、引出线等用细实线(0.18mm)。
(2)字号规定如下:
①尺寸数字用 3.5 号字。
②轴线编号、多层次构造材料说明文字用 5 号字。
③索引符号的圆圈用直径为 10mm 细实线圆,编号用 3.5 号字。
④详图符号的圆圈用直径为 14mm 粗实线圆。
(3)图中未注尺寸的细部,可按比例近似画出。

(4)填写标题栏规定如下:
①图名 墙身详图。
②图号 10。
③比例 1:20。

作业十 墙身详图(作业图样)

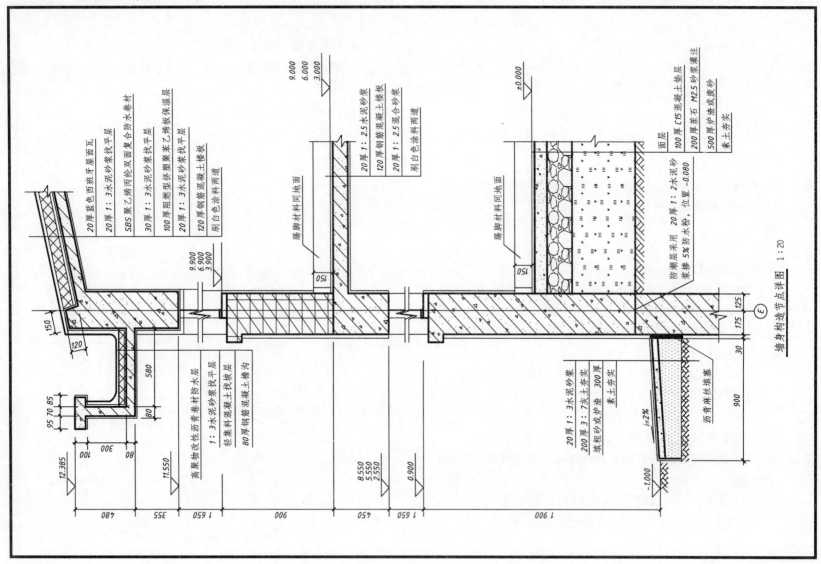

第十章 结构施工图

10-1 已知条件:标高±0.000以下房屋基础轴测剖面图。

作图要求(作图在下页上):

①用 1:60 的比例画出基础平面图。

②用 1:30 的比例画出两个位置的基础详图。

③墙身用粗实线(0.7mm),基础外轮廓线、轴线、尺寸线、尺寸界线等均用细实线(0.18mm)。

④尺寸数字用 3.5 号字,轴线编号用 5 号字。

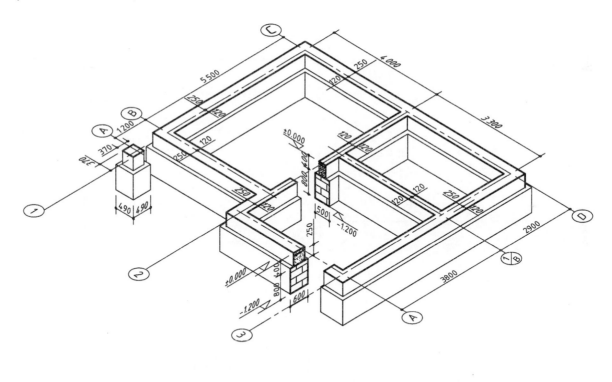

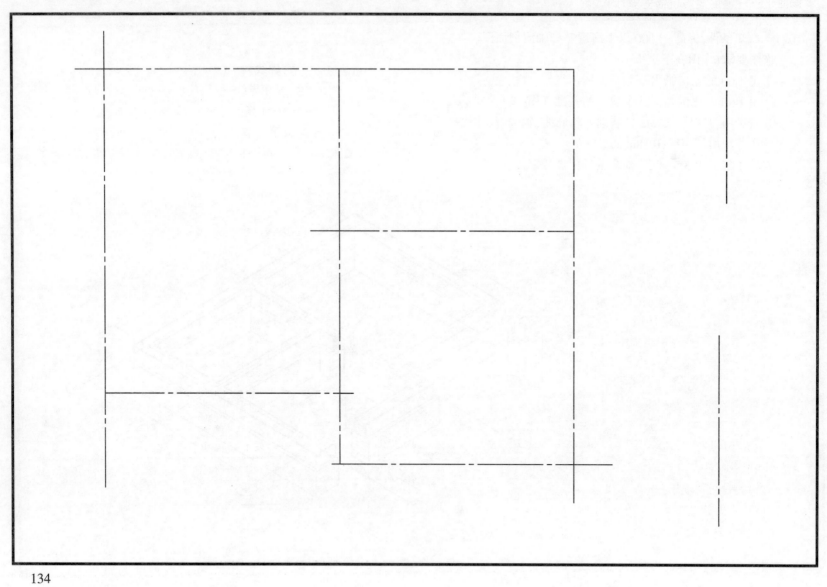

作业十一 钢筋混凝土简支梁(作业指导)

一、目的

学习钢筋混凝土结构图的图示方法。

二、内容

已知条件如作业十一图样所示，要求用 A3 幅面图纸画出它的施工图(模板图、配筋图、钢筋详图、钢筋材料表)。

(1)配筋图中的比例，立面图采用 1:30，断面图采用 1:20。

(2)钢筋详图采用 1:30 的比例。

三、画法和注意事项

(1)图面布置建议用如图 1 所示。由于简支梁外形简单，把模板图与配筋图合并(用 1 个立面图和 2~3 个位置的断面图)。

(2)在配筋图的立面图中画出 3~4 个钢箍即可。

(3)梁中受力钢筋的净保护层取 25mm。

(4)图线线宽规定如下：

①受力筋及架立筋用粗实线(0.7mm)。

②钢箍用粗实线(0.7mm)，但在配筋图的立面图中钢箍规定用中实线(0.35mm)。

③结构外轮廓线(在配筋图中)用细实线(0.18mm)。

④尺寸线、尺寸界线、引出线等用细实线(0.18mm)。

(5)弯筋长度的计算方法和标注、钢箍的尺寸计算和标注详见教材第十章第二节，标准弯钩长度为 $6.25d$。

(6)在配筋图中每一种编号的钢筋，只标注一次尺寸(直径、根数)。

(7)钢筋材料表如表 1 所示，外框用粗实线(0.7mm)，内框格线用细实线(0.18mm)。由于已画钢筋详图，简图中尺寸可省略。

(8)字号：

①尺寸数字、钢筋编号为 3.5 号字。

②材料表中的汉字、断面编号用 5 号字。

③图名用 7 号字。

(9)填写标题栏：

①图名　钢筋混凝土简支梁。

②图号　11。

③比例　1:30 (断面图的比例 1:20 直接标注在断面图名称的下面或右侧)。

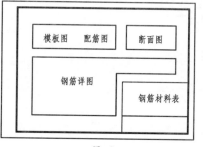

图 1

表 1　钢筋材料表

编号	简图	直径	长度(mm)	根数	共长(m)

作业十一　钢筋混凝土简支梁(作业图样)

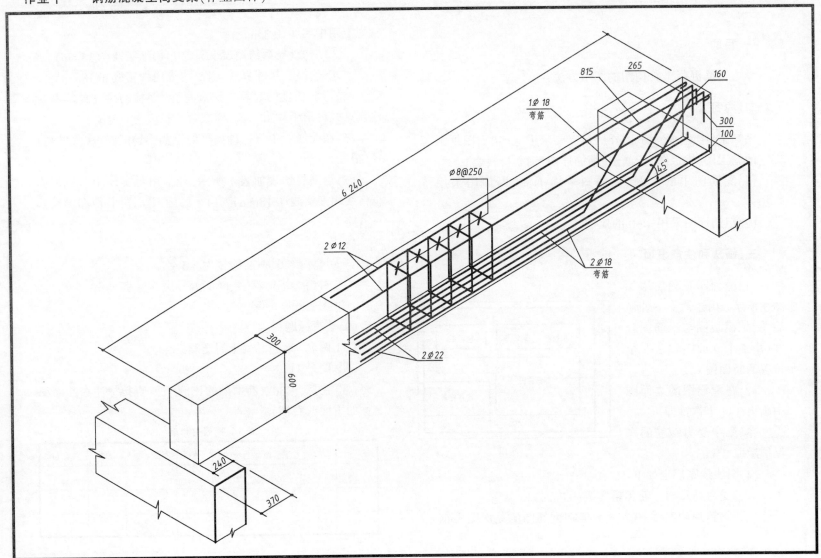

136

第十一章 建筑设备施工图

作业十二、十三 室内给水排水平面图、系统图(作业指导)

一、目的

学习室内给水排水施工图(平面图、系统图)的内容和画法。

二、内容

已知条件：

已知各层给水排水平面图如作业图样一、二、三所示，其中管径、坡度、中心标高如下：

给水系统室外引入管 $DN=75$，管径中心标高为 -2.400。水平干管 $DN=50$，中心标高为 -0.300。立管(JL-1)$DN=50$；立管(JL-2 和 JL-3)中一、二层管径 $DN=40$，三层管径 $DN=25$。

坐便器高位水箱横管 $DN=25$，管径中心距地面高度为 2.4m。通向洗涤槽、污水池的横管 $DN=25$，中心距地面高度为 1.2m。小便池多孔冲洗管径中心距地面高度为 0.9m。

排水系统室外引出管 $DN=100$，中心标高为 -1.800，流向检查井有 2% 的坡度。立管(WL-1 和 WL-2)的管径 $DN=100$。连接坐便器的排水管 $DN=100$，中心距(楼)面以下 0.3m，流向立管有 2% 的坡度。

连接地漏的排水横管的管径 $DN=50$，中心距地(楼)面以下 0.3m，流向立管有 2% 的坡度。

在排水立管上，距离一、三层地(楼)面高 1m 处设检查口，高出层面 0.7m 处设有风帽。

要求：

(1) 在 A3 幅面的图纸上抄绘给水排水平面图(1:50)。

(2) 根据作业图样一、二、三所示的平面图和系统图的已知条件，在 A3 幅面的图纸上分别画出给水、排水系统图(1:50)。

三、绘图方法及注意事项

1. 给水排水平面图

(1) 图纸要求横放。

(2) 卫生间平面图各部分尺寸参考作业图样三所示。

(3) 管道中心距离墙面按 100mm 近似绘制。

(4) 图线线宽层次要求如下：

　①房屋平面图用细实线。

　②卫生设备图例用中实线。

　③给水管道用粗实线。

　④排水管道用粗虚线。

(5) 作业图样中给出的管径是供画系统图时标注尺寸用的，因此在平面图中不用标注。

(6) 立管编号圆圈直径为 12mm 的细实线圆，编号用 3.5 号字。

(7) 填写标题栏：

　①图名　给水排水平面图(10 号字)。

　②图号　水 01(5 号字)。

　③比例　1:50。

2. 给水排水系统图

(1)图纸要横放,左半部画给水系统图,右半部画排水系统图。

(2)系统图应画成正面斜等测。

(3)系统图的绘图比例与平面图的比例相同。OX 与 OY 方向的尺寸应从平面图中直接量取,OZ 方向的尺寸要根据管径中心标高或高度确定。

(4)管道在图中交叉时,要把后面的断开。

(5)在绘制给水和排水系统图时,管材和管径均用粗实线表示。

(6)标注尺寸。

(7)填写标题栏:

　①图名　给水排水系统图。

　②图号　水 02。

　③比例　1:50。

作业十二、十三 室内给水排水平面图、系统图(作业图样一)

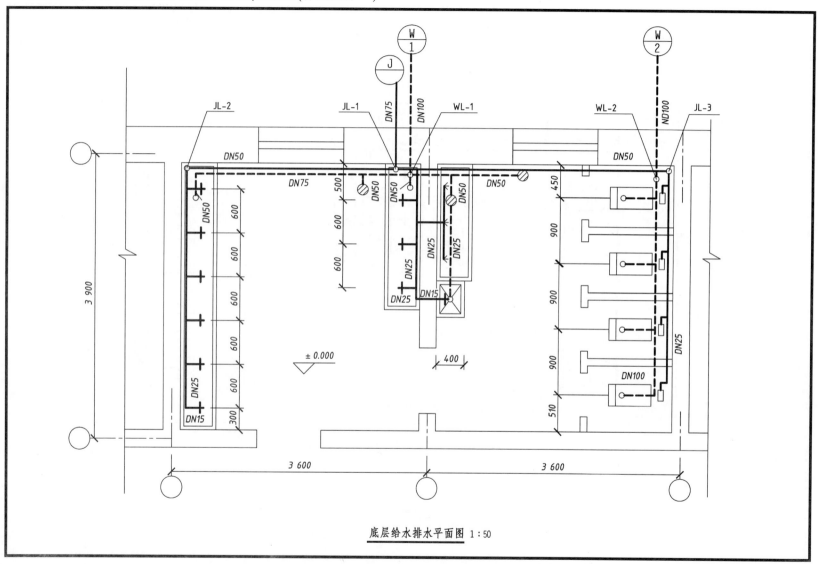

底层给水排水平面图 1:50

作业十二、十三　室内给水排水平面图、系统图(作业图样二)

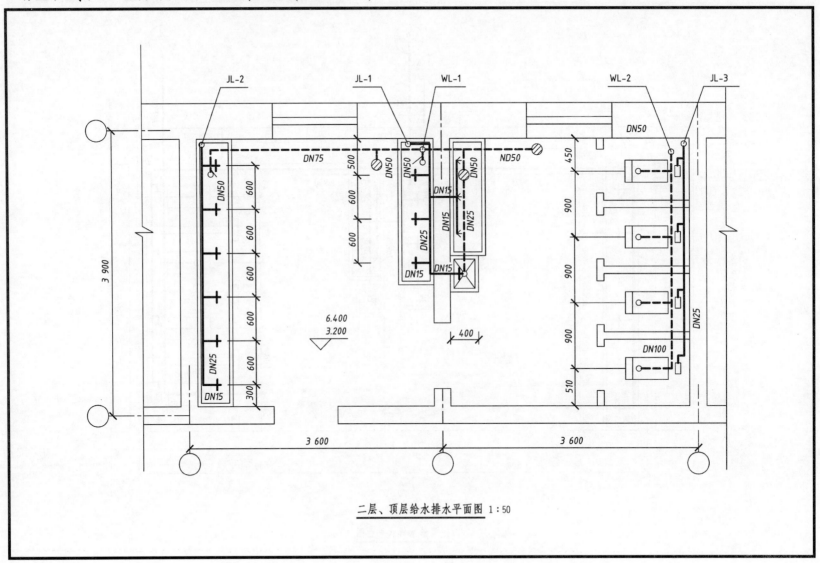

二层、顶层给水排水平面图 1:50

作业十二、十三　室内给水排水平面图、系统图(作业图样三)

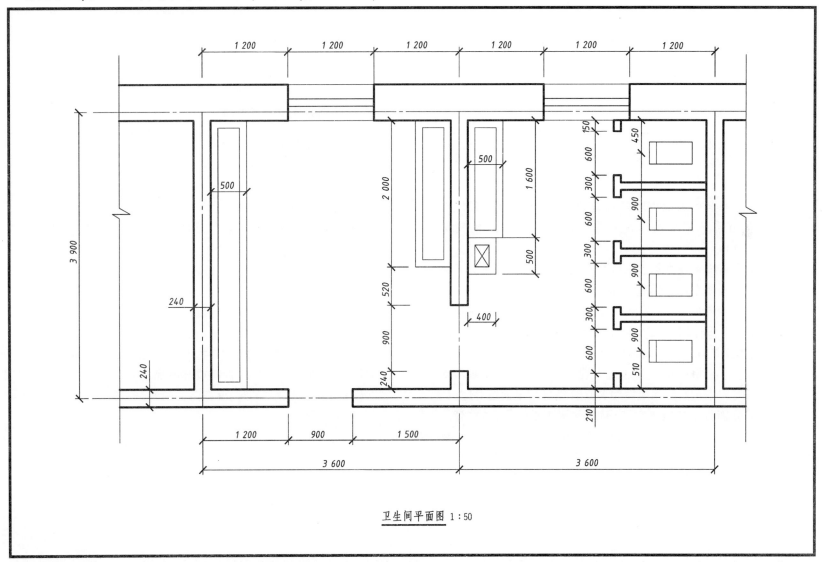

卫生间平面图　1:50

作业十四 采暖平面图、系统图(作业指导)

一、目的

学习室内采暖施工图(平面图、系统图)的内容和画法。

二、内容

已知条件：

给出各层采暖平面图(如作业图样一、二、三)，其中管径、坡度、中心标高的数据如下：

管道系统的最低点应配置 $DN25$ 泄水管，并配置泄水阀；管道系统的最高点配置集气罐，采用卧式集气罐 $DN150\times300$。

供水系统室外供水引入管标高为 -2.350m，由住宅北面 ⑤ 号定位轴线左侧穿墙进入室内，竖直向上升至 -0.700m 处后再升至四层顶部，标高为 11.450m，管径为 $DN70$。在顶层沿东水平干管迂回到集气罐，排出系统中的空气。管径依次为 $DN70$、$DN50$、$DN40$、$DN32$、$DN20$。立管、支管管径均为 $25\text{mm}\times20\text{mm}$，每根立管上部距干管 500mm 处，下部回水支管上各安装截止阀。系统图中各立管编号与平面图对应，从上到下分别接至各供水水平干管、回水水平干管，各立管在各楼层接有散热器，散热器的片数与各层采暖平面图是一致的。各立管经支管向散热器供水，散热器中的热水放热后，再经回水支管、立管将热水送入下一层散热器。热水依次经顶层、三层、二层、底层散热器进入回水管。依次接收 N1 至 N14 各立管的回水，并以 0.003 的坡度汇入水平回水干管(标高为 -0.800m)，向下(标高为 -2.350m)穿墙至供暖入口。

要求：

在 A3 幅面的图纸上画出采暖系统图(1:100)。

三、绘图方法及注意事项

(1) 图线线宽层次要求如下：
  ① 采暖设备图例用中实线。
  ② 供水管道用粗实线。
  ③ 回水管道用粗虚线。

(2) 作业图样中给出的管径是供画系统图时标注尺寸时用的。

(3) 立管编号圆圈直径为 12mm 的细实线圆，编号用 3.5 号字。

(4) 系统图应画成正面斜等测。

(5) 系统图的绘图比例与平面图的比例应该相同。OX 与 OY 方向的尺寸，应按平面图尺寸，根据所选比例画出，OZ 方向的尺寸，要根据管径中心标高或高度确定。

(6) 管道在图中交叉时，要把后面的断开。

(7) 标注尺寸。

(8) 填写标题栏：
  ① 图名 采暖系统图。
  ② 图号 暖通 01。
  ③ 比例 1:100。

作业十四 采暖平面图、系统图(作业图样一、二)

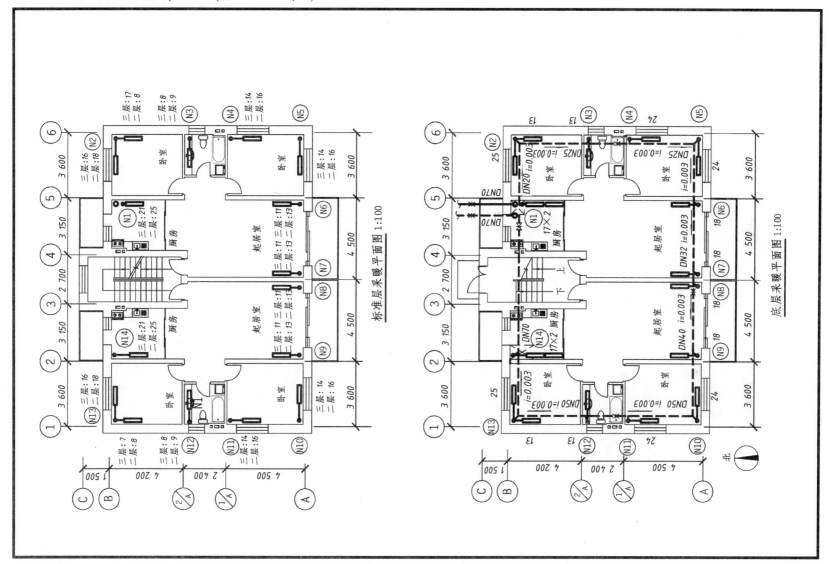

作业十四　采暖平面图、系统图(作业图样三)

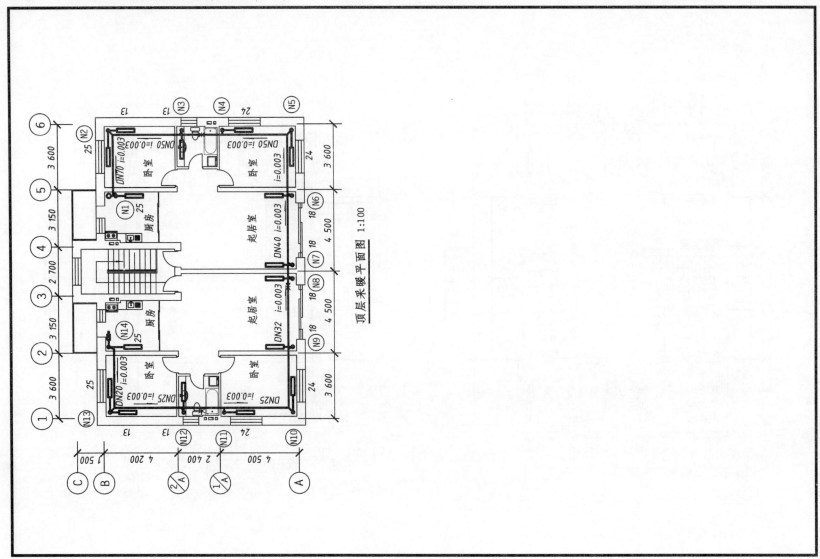

第十二章 公路桥隧涵工程图

作业十五 钢筋混凝土T形梁桥上部构造图(作业指导)

一、目的

熟悉钢筋混凝土T形梁桥上部构造的内容和表达方法。

二、内容

已知条件：

T形梁桥上部构造的轴测图、立面图和纵、横剖面图(作业十五的作业图样)。

要求：

(1)用A3幅面的图纸按1:50的比例抄绘立面图(半立面图、1-1纵剖面图)和横剖面图。

(2)补画平面图(可画半个平面图,并包括梁格平面图)。

(3)平面图需注出主要尺寸,其他视图的尺寸可按原图抄写。

三、注意事项

(1)抄画前要对照轴测图看懂所给的立面图和剖面图。

(2)补画平面图时可参看教材图12-17。

(3)立柱和栏杆的详细尺寸不要标注出来。

(4)T形梁桥的上部,除桥面铺装为混凝土外,其余全部为钢筋混凝土结构,画图时应按图例表示。

(5)图线层次要求：

剖面图中剖到或可见的轮廓线,均用粗实线(0.7mm),尺寸界线、尺寸线用细实线(0.18mm)。

(6)字号要求：

①尺寸数字用3.5号字。

②半立面图、横剖面图等名称用7号字。

③其他汉字用5号字。

(7)填写图标：

①图名　T形梁桥上部构造图。

②图号　路01。

③比例　1:50。

作业十五　钢筋混凝土 T 形梁桥上部构造图(作业图样)

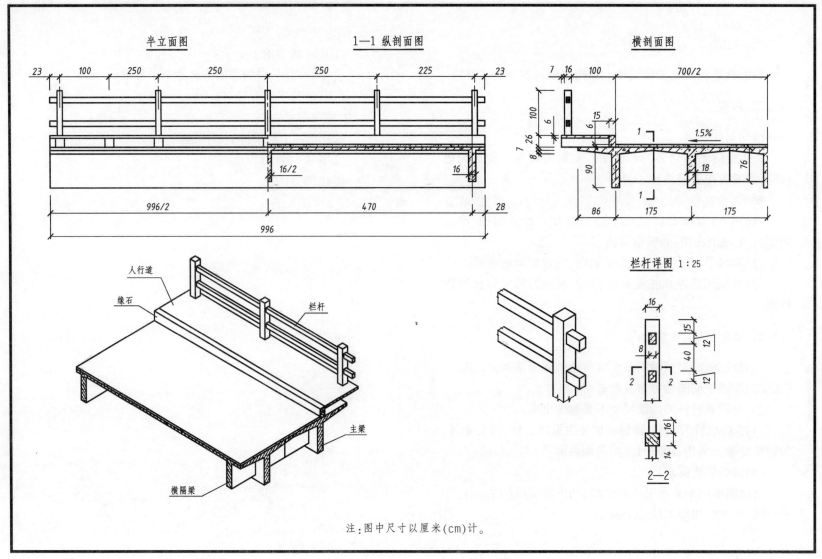

注：图中尺寸以厘米(cm)计。

作业十六 钢筋混凝土圆管涵(作业指导)

一、目的

(1)熟悉涵洞一般构造图的图示特点。
(2)掌握绘制钢筋混凝土圆管涵构造图的方法和步骤。

二、内容

已知条件：

钢筋混凝土圆管涵一般构造如作业十六图样所示。图中给出当圆管孔径 $D=0.75$m、基础埋深为 0.8m 时圆管涵的尺寸。其中路基宽度为 8m，圆管长度：端节取 1.3m，中节取 1m。其余尺寸如图样所示。

要求：

用 A3 幅面的图纸按 1:50 的比例抄绘钢筋混凝土圆管涵各视图。

三、画法及注意事项

(1)先画纵剖面图，再画平面图和洞口正面图，要注意投影关系。半个涵洞圆管取五节(其中端节为一节)。
(2)纵剖面图中应先画圆管，再画洞口，然后按路基边坡 1:1.5 和路基宽度画出路堤填土。
(3)洞口正面图中，地面以下只画截水墙及墙基。
(4)图线要求：

剖面图中剖到或可见的轮廓线，均用粗实线(0.7mm)，尺寸线、尺寸界线用细实线(0.18mm)。

(5)字号要求：
①尺寸数字用 3.5 号字。
②半立面图、横剖面图等名称用 7 号字。
③其他汉字用 5 号字。

(6)填写图标：
①图名　钢筋混凝土圆管涵。
②图号　路 02。
③比例　1:50。

作业十六 钢筋混凝土圆管涵(作业图样)

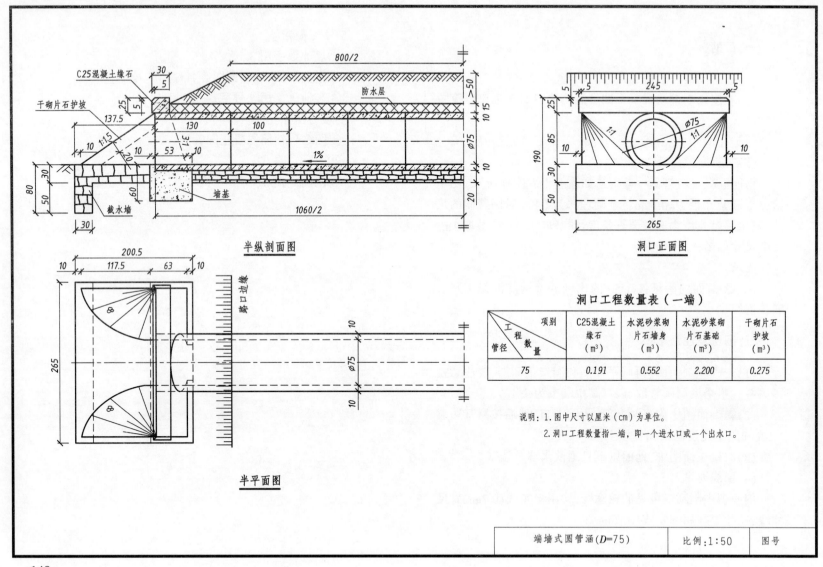